in Action!
使用的書

in Action!
使用的書

慢讀秒懂
數位好文案

Vista老師的文案寫作入門課

Vista（鄭緯筌）著

·全新增訂版·

知道、喜歡、交易

／盧希鵬 台灣科技大學資訊管理系 專任特聘教授

　　Vista這本書很好讀，條理分明又充滿了實例，讀著讀著，一本書居然就讀完了，而且有許多收穫。如果你需要一本文案設計的書，這本應該是最好的，因為在吵雜的訊息中，我們需要一本簡單、有用、有趣的表達方式。

　　現在人類所面臨的問題，不是資訊太少，而是資訊太吵，讓人們無法花時間專心讀篇文章。這讓我想到文案寫作就像在吵鬧的夜市內，如何讓人們在混亂的信息中，「知道、喜歡、交易」你這一攤，成了重要的謀生技能。

　　首先是知道，夜市攤販瞭解逛夜市客人的脈動而設計出適合場域情境的奇特叫賣聲、明顯的招牌、與吸引人的口號等，就像這本書所提：「在界定目標閱聽眾的時候，不能光靠數據、資料或感覺，而是要從不同的生活場景中去觀察人、事、物的脈動，才能準確蒐集消費者的想法和需求。」內容為王，不是因為你文章內容品質寫得好，而是在客戶的場景中，吸引了客戶的注意力。

　　第二步驟是喜歡，當客戶發現夜市某個攤販，如何能夠在很短的時間內瞭解你在賣甚麼？為什麼比較好吃？就如本書所提：「文案力

＝表達力×說服力×感動力」，這三項能力必須刻意練習。我也要求我的研究生要用三十秒的時間，不使用任何簡報軟體，將他們的論文簡報完畢。如果老師聽了覺得感動與被說服，就會跟你約20分鐘，認真聽完。同學們練習了數十次後，多半能達成目標，我還歸納出幾種句型，幫助學生能在三十秒講完。所以，這三種能力的可以培訓的，Vista 在這本書中，也會告訴你一些方法。

文案最終的目的就是希望能促成交易，也就是不只知道與喜歡，還要掏錢來買。這本書提到：「客戶看了就想下單，說顧客想聽的，而非自己想說的」。最近流行的設計思維就是要我們有同理心，由客戶的角度來看這個世界。我想起小時候，都已經躲進被窩了，就聽到「大餅饅頭」的簡單悠揚叫賣聲，接著就聽見我姊姊與父親一起在掏我存錢筒的零錢聲，就會從被窩爬起，不是說為什麼用我的錢，而是說：我也要吃」。知道、喜歡、交易，這是我學到的功課。

當然，在互聯網時代還需要靠社群媒體的傳播，這是一個超連結（Hyperlinked）的時代，需要特別的文案技巧，Vista 長年在數位環境成長，這點他說明的特別的好，也附了相當多的文案創作之旅。

我喜歡這本書，希望你也喜歡。

目錄

新版序

嗨，親愛的讀者，不知您是否曾經有過這樣的疑惑？

當您在書店或網路上看到這本書的時候，您是否會問自己：置身AI時代，如今有了ChatGPT等AI工具可以幫忙生成內容，我們還需要學習寫作技巧嗎？

我可以篤定地告訴您，答案是「Yes」。噢！不只是因為我想跟您推銷自己寫的這本書，或者我本身是一位寫作教練的關係，而是基於一個很簡單，但卻極其重要的原因……

學習寫作，真的很重要，有幾個顯而易見的好處：

1. 提高溝通能力：文字可說是人類情感、思想和知識的橋樑，而寫作則是這座橋樑的重要根基。即便現在我們有了各種AI工具的協助，人際之間的溝通還是需要仰賴清晰、精準的語言和文字來傳達。

2. 加強批判思考和分析能力：透過寫作，不但可以幫我們將思想轉化為文字，這個過程也有助於人們從事分析和批判思考。經由寫作練習，大家可以學會如何組織思想、分析問題、並提出

有說服力的觀點。

3. 促進創造力和想像力：寫作是一個極具創造性的過程，需要不斷地腦力激盪和創新。AI工具固然可以協助我們生成內容，但它無法完全代替人類的思想、情感與創造力。

4. 個人成長和自我反思：寫作是一個自我探索和反思的過程，有助於梳理自己的想法和感受。透過寫作，得以讓我們更理解自己，促進個人成長和心理健康。

看到這裡，相信您應該不難理解：儘管AI時代有許多便捷的工具應運而生，但人類的寫作能力仍是不可替代和偏廢的。而寫作過程中所涉及的思考、分析、創造與反思，也是AI難以完全模擬的。學習寫作不僅可以提升自我的表達能力，還有助於個人成長和人際交往。對於職場人士來說，這些能力更是極其重要的軟技能。

眾所周知，在瞬息萬變的商業世界裡，如何掌握商機，完美呈現企業理念，一直是市場上諸多品牌所面臨的挑戰。身兼專欄作家、培訓講師與商業顧問等多重角色，我長期在公部門、企業和大學講授有關寫作與行銷的課程，同時也為客戶提供顧問、諮詢等服務。

回顧過往，我在科技、網路產業和媒體歷練了多年，不但接觸各

種前沿的趨勢，也接受多項的訓練，這些歷練讓我能夠迅速地掌握全球市場脈動，也得以洞察消費大眾的需求。因此，當我有機會撰寫一本有關文案寫作教學的書籍時，便希望能以旁徵博引的方式，有系統地為讀者朋友們揭開文案創作的神秘面紗。

由於長期在業界教寫作與行銷，我時常有機會與業界人士進行互動和交流，也因此深知很多人視寫作為畏途，以及遇到的寫作瓶頸。我希望透過這本書的協助，可以幫大家突破這個難關，不僅能讓您的文字變得生動有力，我更期待可以把點石成金的能力也傳授給您！

坊間有關寫作的書籍相當多，那麼本書有哪些特色呢？又何以與眾不同？

1. 專業視角分析：結合個人豐富的產業經驗，為您分析市場趨勢與文案寫作的重要關鍵。
2. 理論結合實務：不再僅僅停留在理論層面，透過具體案例的拆解，教您如何將理論應用在工作場域中，提升學習寫作的成效。
3. 創新的寫作教學法：本書不僅教您如何寫，更重要的是教會您如何思考，進而突破框架，發揮創意。

　　我看過很多教寫作的書籍，其中也不乏佳作，但大多數的書籍都過於強調文筆的重要性，或者側重於傳授公式、套路和寫作理論，對讀者的幫助比較有限。所以，當初我在寫這本書的時候，就期許自己能夠跳出傳統框架，針對職場常見的應用場景進行解說。

　　我深信，寫作不僅是一項技能，更是一種表達自己的方式，也是一門溝通傳達的藝術。本書奠基於我在五年前所出版的《慢讀秒懂》，儘管五年之間這個世界已經有了很大的變化，不過寫作的方法和本質並沒有太大的改變。時光飛逝，轉眼之間五年過去了，但我相信這本書經得起時間的檢驗。

　　書中所提供的案例與寫作教學，主要針對本地讀者所設計，相信您在閱讀之後，能夠很快地消化吸收。熟讀本書，將可協助您輕鬆寫出吸睛又吸金的好文案，順利觸動目標受眾。

　　除了教您如何撰寫有共鳴的文案，我也針對時下最夯的AI寫作議題，新增了獨立的一章，確保讀者朋友能夠與時俱進，找到與AI協作的方法，進而寫出精彩的篇章。

　　整體而言，這本書能帶給大家的實際幫助如下：

　　1. 增進寫作能力：透過多元化的寫作技巧訓練和實際案例分析，

您將能夠在不同的場合和平臺上有效地撰寫文案。

2. 提升洞察力：透過本書可以學會如何深入分析市場和消費者，使您的文案更具針對性和影響力。

3. 強化品牌形象：無論是個人品牌還是企業品牌，這本書教您如何透過文字塑造卓越形象。

4. 創造商業價值：我將協助您提升文案的商業價值，促進銷售和提升客戶忠誠度。

如果您從序文的開頭閱讀至此，我想您一定能夠認同寫作這件事的重要性。是的，AI、大數據等新科技正在改變世界，但人類的心靈、創造力和獨特的觀點卻是無可取代的。如果您想要用文字抒發感受、表達想法，或是希望在商業世界中更有力地推廣貴公司的品牌，我相信，這本書能夠助您一臂之力。

有些朋友可能會認為，大學畢業之後就可以跟寫作分道揚鑣了，但其實在日常生活之中，我們時常需要跟寫作打交道。您或許會覺得自己的文筆不好，甚至感受到「提筆千斤重」的壓力，但其實只要多練習，寫作能力是可以提升的！倘若您能隨心所欲地運用文字來表達觀點，就可以更有效地與這個世界進行連結和互動了。

我在這本書中，不僅將分享自己多年的寫作和教學心得，更將結合實際案例，引導您逐步掌握文案寫作的技巧，無論是對個人成長或職涯發展，我相信會有所助益。

如果您想運用文字更精準地表達自己，與他人建立更深刻的連結，甚至將貴公司的產品、服務推向國際市場，我相信它會是您的好幫手！讓我們一同踏上寫作的征程，探索文字背後的無限可能吧！

寫作是一段旅程，也是讓我們得以不斷自我探索和成長的禮物。當我們開始提筆或敲打鍵盤時，不僅是傳達自己的想法，更開啟了與自己心靈的微妙對話。我希望這本書能陪伴您走過這段旅程，幫助您找到屬於自己的寫作之路。

歡迎您加入這一場寫作冒險，更由衷期待在本書的字裡行間與您相遇。請把這本書帶回家，讓它開啟您的新視野，迎向一個更有創造力和溝通力的未來！

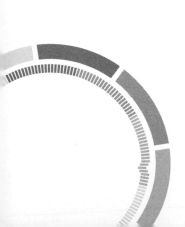

一場無標準程序的
美好任務

　　就在「瑪莉亞颱風」來襲的此刻，我開始整理這本新書的前言。在開始介紹本書之前，如果我們試著在博客來網路書店用「文案」這個關鍵字來搜尋，不難發現搜尋結果高達8503筆——這個數字代表什麼意思呢？即使數量打個折扣，也意味著目前整個中文書市通路上，至少有數百本與文案寫作或商品行銷相關的書籍流通。

　　但凡是社會現象，大多可以有正反兩面的解讀。對於近年來不斷有新的文案寫作書籍問世這件事，正面的看法是大家真的很需要提昇寫作、溝通的技巧與能力，所以相關書籍才會如雨後春筍般不斷地推陳出新；至於反面的解讀，則是——既然坊間已經有那麼多介紹寫作教學的書籍了，大家是否還有需要一本新的文案指南呢？

　　我也開始思考，像自己這樣出身於媒體與網路產業的一個專欄作家、企業顧問，是否還有必要來湊熱鬧，也跟著寫一本文案寫作的書籍呢？仔細想了想，再綜合身邊一些朋友和學員的意見，我想答案還是肯定的。這不只是基於一群讀者、學生們的需求，也反映了長期以來對於產業界的觀察。

不只是舞文弄墨

近年來，我常在不同的機構開設文案寫作的公開班課程，也時常應邀到各大企業或公部門去幫忙做內部培訓，我發現很多人有「作文恐慌症」——一聽到要寫文案或企畫案就開始頭皮發麻，甚至顯得手足無措、呼吸不順。殊不知寫作其實沒有那麼困難，只要先建立正確的觀念，再加上大量的臨摹和練習即可入門。

有些學員曾告訴我，儘管平常也有閱讀文章或寫部落格的習慣，但真正到了要動筆的關鍵時刻，卻不知道該如何下標和組織段落？再不然就是腸思枯竭，苦於找不到靈感，無法寫出感動人心的篇章；即便勉強拼湊完一篇文章交差，但文中的立論總好像少了點東西，難以令人信服。

在過往的授課過程中，我總會安排實戰寫作練習的單元，讓學員們有機會多書寫，藉此強化文案寫作能力；甚至透過交換閱讀其他學員文章的方式，得以觀摩、學習他人的長處與優點。

文案寫作自然不只是舞文弄墨，更是一段陪伴目標閱聽眾走過的精神旅程。所以，在寫作訓練上，我對於學員的要求不在於堆砌華麗的文藻，而首重能夠通順地表達自己的觀點。但顯然這不是一件容易的事，我們在看自己所寫的文章時容易有盲點，很多學員在閱讀他人

文章時，除了可以看到值得借鑑的優點，也特別容易發現一些「不知所云」的現象——簡單來說，也就是儘管我們花了時間讀完整篇文章，卻完全抓不到重點，不知道作者想要表達什麼？

基於這些常見的問題和痛點，我決定回歸基本面，撰寫一本有別於其他文案寫作教學的書籍。一如前所提及，坊間的文案寫作書籍其實不少，無論是從歐美引進的翻譯書，或是兩岸三地華人作者的著作，都常可在書店上看到它們的蹤影。只不過這些書籍大多停留在談理論的階段，或是以大量的案例介紹為主，卻忽略了讀者們在學習文案寫作時最需要的心法。

誠然，理論和案例當然都很重要，也對學習文案寫作有很大的助益。但如果未能先幫讀者朋友們建立對文案寫作的正確觀念，無法讓大家打從心底喜歡寫作（至少不畏懼寫作），那麼看再多的理論也難以內化成自己的東西，而經典的案例也只是經典，而不易借鑑與活化、挪用。

我也發現，坊間有些書籍會介紹很多現成的寫作框架和套路，無非是希望讓讀者可以直接套用，減少摸索和學習的歷程。這當然沒有不好，我也會在寫作課上分享一些可以參考和現學現用的架構，但是如果讀者朋友們想要好好學習文案寫作，我還是會建議大家循序漸進

才是正軌。

很多人會對文案有所誤解，以為文案寫得好，所有的產品或服務就一定賣得好。其實，在整個銷售的過程中，文案只是扮演刺激消費慾望的推動角色，背後還需要很多其他的環節共同配合。一篇淺顯易懂的文案，不但可以拉近與受眾之間的距離，也有助於傳達觀點，這也是好文案的基本要件。

要把文案寫好，沒有標準答案，也可能有千百種方法，但卻沒有固定的模式和套路。當然，我也不大建議大家死守某些既定的技法，還是應該從全盤理解和學習開始著手，因為即使這次使用某個套路而順利達成商品銷售的目的，也無法保證下次比照辦理時一定會成功！

在這個資訊碎片化的時代，人們透過網路接收了非常多的訊息，但卻沒有深刻的理解和記憶，久而久之便會形成僵化。所以，我除了鼓勵大家在日常生活中多加觀察與寫作，也一直主張要建立快慢有致的生活節奏，才能克服無謂的資訊焦慮。

這本書名為《慢讀秒懂數位好文案》，是出版社編輯們腦力激盪之後的結晶。所謂「慢讀」，係指讀者朋友們可以細細體會傑出文案的背後功力，而「秒懂」則是努力讓自己寫出獨特銷售主張與核心價值，以便為消費大眾勾勒出具體的利益和願景。

所以，談到當初寫這本書的起心動念，我希望幫大家找到寫作的樂趣，特別是那些視寫作為畏途的朋友們，很誠摯地希望透過這本書，手把手地帶領各位讀者朋友突破盲點，找到適合自己的寫作方式與風格。我很希望跟大家分享一些寫作技巧與行銷觀念，讓每位讀者朋友都能夠有自信地寫出吸睛的文案。

一如《Everybody Writes》的作者，同時也是MarketingProfs.com網站的內容長安・漢德利（Ann Handley）所言，「寫作是一種習慣，不是一門藝術」。她認為要成為優秀的作者，就要多寫。我不但認同這個觀點，也鼓勵很多朋友一起勤加寫作。當然，除了刻意練習，如果有人能夠從旁指導，那會進步得更為迅速！

在本書中，我試圖從不同的面向切入，引導對文案寫作有興趣的朋友從零到一的學習路徑，讓大家得以先建立對文案寫作的正確認知，再來理解文案要如何寫才能深入人心？要知道，唯有多方觀察與理解行銷概念與溝通任務之後，我們才能審時度勢，寫出通情達理且能觸動慾望的好文案。

另外，在案例的選擇上，我除了挑選一些國際知名的案例來跟大家介紹之外，也特地挑了一些臺灣本地或是亞洲的企業案例，不但是希望讓讀者朋友們比較能夠理解案例背後的場景和故事，大家也可以

在實用、生活化的基礎上學習和參考，進而留下比較深刻的印象。

　　整體而言，我很希望透過這本書，分享多年來自己在網路、媒體領域的寫作心得，同時也有系統地把我在文案寫作課的若干資訊，整理成更適合自修和閱讀的內容。無論是初窺寫作堂奧的初學者，或是已經有一定寫作能力的朋友們，這本書就是專門為你們而寫的讀物。

　　期望有幸與本書結緣的你，可以花點時間和我一起重新感受寫作的樂趣，並透過大量練習來鍛造強大的文案力。

鄭緯筌　Vista Cheng

https://www.contenthacker.today/

1

揭開文案的
神祕面紗

文案寫作並非一般的文學創作，
最重要的是為了特定的閱聽眾而寫。
因此，在開始構思文案之前，
我們得想想清楚到底是誰需要閱讀這篇文案？
而我們又想打動哪些特定的族群？

被喻為是日本「經營之聖」的稻盛和夫曾說過：「產品也有靈魂」，意思是當我們滿懷愛意，並且深信工作現場有神明的眷顧，就會讓產品注入靈魂，自然得以和產品建立一種奇妙而美好的關係。

在市場上推出一款廣受歡迎的卓越產品，是很多商家的心願，但這也必然需要投入很多心力，才能造就良好的使用體驗。然而，就像好書未必本本暢銷的道理一樣，設計良善的產品也不必然能夠熱賣；要能夠讓普羅大眾感受到產品的靈魂，就必須透過商品廣告文案的助力，適時的畫龍點睛，或者給予消費者一種強力震撼。

毫無疑問，文案寫作自然是一種專業的溝通傳達技巧，但這並不代表一般人無法親近、學習，或是只有文筆好的人才能寫出令人激賞、拍案叫絕的作品。

也許您已經準備好要一窺文案的堂奧了，但在本書的第一章，我們先不急著講述文案寫作的重點。我想帶領大家回顧過往的生活經驗，想想自己是否曾經被某些文案所吸引？從這些具有代表性的作品來推敲，文案是由哪些核心元素所組成？再來思索文案要如何醞釀？最後，幫大家破除一些常見的誤解和迷思，從此刻開始真正地認識文案。

✎ 你曾被文案吸引嗎

我們的信念是如果我們持續在顧客面前推出很棒的產品，他們就會不斷打開錢包。

——蘋果公司創辦人 史帝夫・賈伯斯（Steve Jobs）

　　我們生活在一個由資訊與場景主宰大眾消費意識的年代，很多人被智慧型手機、平板電腦等行動裝置綁架，在捷運、咖啡館或辦公室等場域中逐 Wi-Fi 訊號而居，更頻繁地在不同型態的工作與生活風格中切換各種場景，卻也不知不覺暴露在大量的廣告資訊之中——從一般商品包裝上的說明、公車車體廣告、便利商店的店頭海報到購物網站上的「**銷售頁**」（Landing Page），甚至是您的手搖杯飲料封口，到處可見廣告文案的蹤影。

　　每天，我們也會看到大量的廣告文案，伴隨著各種充滿誘惑、挑逗性的口號、標語和隱藏其中的「**行動呼籲**」（Call to Action），鼓動著我們去購買商品、信服理念或採取特定的行動。

　　談到文案（Copy）的功能，在翻開這本書之前，相信您已經有了約略的印象，至於文案對輔助銷售或溝通傳達的幫助，也可見一斑，否則就不會翻開這本書了。但人們多半都有防衛心，要如何讓人卸下心防，願意接受、採納各種訴求，甚至讓原本沒有明確購買需求與動機的消費者，也莫名產生一種購物衝動……嗯，這就要看隱身幕後的文案高手們如何各顯神通了。

在正式開始談文案寫作的技巧之前，我想先問問一個問題：您，曾被文案吸引過嗎？那些真正厲害的文案，未必堆砌了華麗的詞藻，但卻能深入人心。嗯，您知道為什麼嗎？

在這裡先跟大家分享幾個例子，透過實際的案例來看看這些讓人怦然心動的文案，到底具有哪些特色？

我個人曾經在 TeSA（臺灣電子商務創業聯誼會）、ALPHA Camp 或其他機構開設文案課，在課程中我總愛舉蘋果公司創辦人賈伯斯的例子。誠然蘋果公司的廣告文案向來有口皆碑，但我最愛在課堂上所舉的案例卻不是 iPhone、iPad 或 MacBook Air 這些時髦的消費性電子產品，而是早在 2001 年就問世的數位音樂裝置 iPod。

圖片來源：WebArchive Wiki 網站（https://goo.gl/eXhoxT）

透過YouTube影片[1]，我們可以不斷重溫賈伯斯的迷人風采。穿著一襲黑色高領衫和牛仔褲的賈伯斯，在蘋果公司所舉辦的年度產品發表會上，輕巧地把白色的iPod塞進牛仔褲的褲袋中，並且淡定地對臺下觀眾說：「1,000 songs in your pocket.」。

不談功能、規格，也不說價格，賈伯斯用一次可以裝進1千首歌的量化譬喻，便清楚點出了iPod與眾不同的特色，讓消費者能夠在腦海中建立明確的印象，也清楚地針對數位音樂產品進行了市場區隔。iPod Classic推出之後果然一炮而紅，後面的故事發展相信大家都耳熟能詳了，伴隨iTunes Music Store（線上音樂商店）在2003年六月問世，iPod自此徹底地改變了數位音樂產業的格局。從此之後，被大家裝進口袋裡的音樂便如影隨形，成為我們生活不可或缺的良伴。

接下來，我想跟大家分享一個臺灣本土的案例，同樣也讓人眼睛為之一亮。是的，也許您已經猜到了，我要說的就是全聯福利中心的作品。

2015年時，全聯福利中心曾製作一系列名為「全聯經濟美學」的廣告。這十四支長度在15秒以內的短片，按照全聯的說法，是想要「彰顯出一種在現實中追求理想、在理想中顧及現實，以及看見鐵草莓消費新思維的價值主張」。[2]。

曾在統一超公司服務近二十五年的行銷鬼才劉鴻徵，轉戰全聯之後負責操刀這一系列電視廣告，透過豐富的鏡頭語言，營造出新世代具有主見並大膽擁抱夢想的正面氛圍。不難看出全聯福利中心積極想

---

1 請見：https://goo.gl/qYLW4K
2 請見：https://goo.gl/VLVtMQ

要與年輕族群產生連結的企圖，而廣告推出之後，果然也大受好評。

其中，最讓我印象深刻的短片[3]，當屬以下這個大玩雙關語的橋段：只見一位略顯豐腴的短髮女孩在大街上，一邊啜飲無糖綠茶，一邊酷酷地說：「養成好習慣很重要，我習慣去糖去冰去全聯。」明眼人都能理解，前面去糖去冰的「去」，大有「去除」和「否定」的意思，後面的文意卻急轉直下，這邊所指涉的去全聯，頗有「前往」和「嚮往」的正面意涵。

幫全聯拍攝廣告的團隊利用中文的奧妙大玩文字遊戲，在片中女孩似笑非笑、略顯淡定的表情下，更能凸顯文案的張力與趣味，也順道點出了全聯福利中心的新價值主張，讓人拍案叫絕。

「2015全聯經濟美學」的廣告短片。（圖截錄自該片的youtube視頻）

3 請見：https://goo.gl/EPi6mw

　　不只是這一系列的廣告令人意猶未盡，全聯在2016年底所推出的火鍋料標語PK賽，更以「高麗菜：國民天菜／如果你願意一層一層地剝開我的心」、「金針菇：不死傳奇／再說一聲，明天見」、「燕餃：最熟悉的陌生人／魚餃蛋餃之外，你叫不出來的那個餃」、「王子麵：90年代偶像／最新專輯『我不是公主』」、「鯛魚片：大魚肉家／熟了就容易散」以及「梅花豚：優脂男孩／脂融你口不融你手」等精美的圖片和獨到的宣傳標語，讓廣大的消費者留下深刻印象。

　　厲害的文案撰寫者（Copywriter），往往懂得善用文字的力量，讓人發出會心一笑。2017年初全聯乘勝追擊推出的飲料文宣，雖然只是將先前的火鍋料文宣稍加修改，依舊引起網友們的熱烈討論。

　　最後，再讓我們來看看一個國外的案例：

　　如果有老外問您「最近過得如何啊？」，或是「工作還好嗎？」，這時你就可以回答「So far so good.」，意思是「到目前為止，一切還算順利」囉！但你知道嗎？這句常見的英文俚語，也可以「借題發揮」，變成讓人印象深刻的文案唷！

　　在英國蘇格蘭首府愛丁堡市，有一家專門經營沙發、桌椅銷售的精品家具店，便巧妙地把自家店名命名為「Sofa So Good」，讓人看了覺得十分幽默，可以輕易地與「So far so good」這句英語俚語產生連結。店家更意有所指，告訴所有顧客他們是英國都會裡的一家精品沙發店，但價格卻相當實惠，不像一般精品那樣冷冰冰，令人感到高不可攀（A boutique sofa store in the city without the boutique price tag.）。

　　更耐人尋味的是，這個家具公司在網站上所撰寫的企業簡介，很清楚地點出其營運的特色——「Sofa So Good提供多元的沙發或椅子的

家具風格，以滿足您的品味。無論是經典或現代風格、真皮或絨布材質、超大沙發或小巧沙發，我們專注為客戶服務的小型團隊，將為您從英國各地搜尋所有高質量、時尚沙發或桌椅的最佳組合。」[4]

　　在這個注意力容易被許多外來事物瓜分的年代，要撰寫、設計吸睛的文案，的確不是件容易的事，也往往讓許多文稿撰寫者絞盡腦汁。但是從蘋果公司的「可以裝下一千首歌的iPod」、全聯福利中心的「全聯經濟美學」系列廣告，再到英國愛丁堡家具公司的「Sofa So Good」，三種風格迥異的文案巧妙各有不同，卻都讓人留下了深刻的印象，也為商品銷售打下良好的基礎。

　　嗯，以上這三個案例，是否帶給你一些啟發了呢？接下來，就讓我們來理解文案的組成與核心元素吧！

---

4 原文如下：Sofa So Good has a sofa or chair style to suit your taste. Classic or contemporary, leather or fabric, over-sized or compact, our small customer-focused team has hunted UK wide to source what we think is simply the best collection of quality, stylish sofas and chairs available.

文案的組成與核心元素

你的廣告提供愈多訊息，它就愈有說服力。
——奧美廣告集團創辦人 大衛‧奧格威（David Ogilvy）

　　坊間談文案寫作或作文技巧的相關書籍可說是汗牛充棟，會從書店所陳列的眾多書籍之中挑選到這本書，表示您一定對文案寫作有興趣。再不然，就是想要了解文案對工作有哪些幫助吧？

　　讓我先賣個關子，在開始介紹文案寫作技巧之前，先讓我們來談談「文案」本身吧！

　　到底什麼是文案呢？在各種飲料瓶身上看到的商品說明，或是報紙上的房屋建案廣告，乃至於我們時常在網站上發現的各種網路橫幅廣告，這些內容都可以算是文案嗎？

　　「維基百科」告訴我們，文案[5]是為了宣傳商品、企業、主張或想法，在報章雜誌、海報等平面媒體或電子媒體的圖像廣告、電視廣告、網頁橫幅（Banner）等使用的文稿或以此為業的人。

　　這段話也許不是很容易理解，就讓我來幫大家「翻譯」一下吧！簡單說，文案（Copy）就是透過平面、電子媒體或網路等媒介的傳播，以圖文或影像等方式來傳遞企業的理念、主張或宣傳商品資訊，從而希

---

5 請見：https://goo.gl/sAf3ga

望影響受眾採取特定的行動。此外，專門以撰稿維生的專業人士（Copywriter），有時也會被外界簡稱為文案。

其實，文字的力量往往超乎預期，一段好的文案不僅僅能夠促進商品銷售或理念傳達，更有可能影響千萬人並造成巨大的改變。舉個例子，您一定還記得2017年甫卸任的美國前總統歐巴馬，在2008年角逐總統大位時所推出的競選口號吧？當初那句「Yes, We Can!」不但撼動了千萬人，更一舉將這位非洲裔的美國伊利諾州參議員送進白宮。而現任川普總統的競選口號「Make America Great Again」（讓美國再次偉大），也同樣令支持者動容。

誠然，文案寫作不只是舞文弄墨，更是一段陪伴目標閱聽眾（Target Audience）走過的**精神旅程**。

是的，文案寫作，應該被視為是一段精神的旅程。因此，達成目標固然很重要，但過程中的點滴也不容小覷。

所以，我認為──成功的（商品）文案寫作，其實是以銷售產品或服務為目的，而綜合反映出你過往的全部經歷與專業知識，以及您如何將這些資訊經過內化之後形諸文字的表達、溝通能力。

讀到這裡，您應該對一般的文案有些基本認識了。接下來，讓我們以銷售產品為例，試著來拆解常見的商品文案吧！

您可能常在報章雜誌或社群媒體上頭，看過很多「勸敗（購）能力」高強的商品文案，這些文案有的直指人心，也有些文案大量堆砌了華麗的詞藻，但更多的是彰顯出非凡的價值，並試圖說服消費者為何非買不可？但其實文案的構成萬變不離其宗，其核心元素不外乎**閱聽眾**、**特色**和**目標**這三大部分。

以下，簡單為大家介紹：

閱聽眾（Audience）：

文案寫作並非一般的文學創作，最重要的是為了特定的閱聽眾而寫。因此，在開始構思文案之前，我們得想想清楚到底是誰需要閱讀這篇文案？而我們又想打動哪些特定的族群？

打個比方，如果我們想銷售親子類童書，那麼就要針對有購買能力的爸媽族群來進行溝通。特別是掌控家中預算的媽媽們，要注意她們會在乎哪些事情？是價格、功能，還是品質呢？童書的內容固然重要，但包裝材質可能也得注意，以避免小朋友拿取或閱讀時受傷。甚至，坊間有些寶寶繪本或有聲童書，還以可食性的大豆油墨印刷做為銷售訴求，這一點也特別能夠引起媽媽們的共鳴與青睞。

不知您是否曾發現，在小學、幼稚園或知名安親班的門口，總會看到一些補教機構或出版社的業務員在附近推銷幼兒教材。這些嗅覺敏銳的業務員彷彿身上裝了雷達似的，只要看到類似媽媽的路人經過，他們就會立刻上前搭訕，並鼓動三寸不爛之舌。就商品行銷的流程來說，我們勢必先找到正確的受眾，然後再來思考推銷的手法與話術。

這又好像那部日劇《重版出來》之中，出版社的業務員「小泉純」奉命推銷《蒲公英鐵道》這部以鐵路旅遊為題材的漫畫，他嘗試了許多的方法，不只是提供試讀本和作者簽名；更為了接觸喜歡旅遊和鐵路的讀者，還親筆寫信給多家書店的店長，以爭取把這部漫畫也放到銷售旅遊書籍的專區，藉此獲得更多的露出與曝光。

最後要再提醒大家，在界定目標閱聽眾的時候，**不能光靠數據、資料或感覺**，而是要從不同的生活場景中去觀察人、事、物的脈動，才能準確蒐集消費者的想法和需求。

特色（Features）：

　　既然大多數文案的目的是為了銷售，當然我們就需要透過內容的傳達，好好介紹一下產品或服務的特色，讓特定的閱聽眾能夠迅速理解。值得注意的是在這個資訊發達的年代，很多資訊都可以在Google上查得到，因此現代文案寫作的重點，已經不再侷限於提供鉅細靡遺的產品功能與規格，而是要能夠說清楚產品的獨特之處。

　　舉個例子，我曾有個文案課的學生計畫創業販售手工皂，課後和她聊起創業計畫時，我隨口詢問這款手工皂有哪些特色？只見她不假思索，立刻說了類似天然、純淨、環保與健康等字眼。我先點點頭，之後又笑著搖搖頭，表示這並非我想聽到的答案，因為天然、環保等訴求固然是許多手工皂共有的特點，但其實並不夠獨特。就市場的後進品牌來說，恐怕也很難讓潛在消費者產生深刻的印象。

　　各位在撰寫文案時，不妨「換位思考」一下——如果自己身為消費者，您會希望業者怎麼介紹產品呢？或是得知哪些資訊？再以手工皂為例，消費者除了關注成分、功效和價格之外，也許更在乎能否獲得額外的價值？比方是否有針對國人的體質或肌膚特性進行設計，或是有沒有傳遞哪種獨特的生活態度、主張？

　　像是「臺灣主婦聯盟生活消費合作社」在介紹他們所販售的手工香皂時，不但仔細說明了成分與製作方法，還闡述了合作廠商的品牌故事。其中一段介紹手工皂製作過程的文字，就成功地吸引了我的目光：

　　「洗髮沐浴精和手工皂在熱煮的過程中，馬可會幫鍋子『蓋棉被』，減少熱氣逸散，節省能源的同時，也可以讓皂化更完全。……」

目標（Aim）：

在鎖定受眾和清楚闡述產品特色之後，我們就要進一步地設定目標，也就是這篇文案需要達成哪些目的——是銷售商品嗎？宣傳理念嗎？還是有其他的行動訴求呢？如果希望喚起人們的注意力，想要這群受眾在看了精心設計的文案之後，就能立刻採取行動的話，那麼就必須有讓人信服的理由。

簡單來說，好的文案必須讓人相信目標的合理性，同時支持理由也是愈簡單、具體愈好。

比方我們都知道手工皂很純淨、環保，但消費者的選擇太多，基於銷售的目的，我們還是必須透過品牌包裝或其他的宣傳管道，讓潛在消費者感受到手工皂的好，以及擁有它的必要性。

再舉個例子，我常在臺北街頭看到「綠色和平組織」的志工夥伴奔走，邀請社會大眾參與各種連署活動或捐款。好比他們曾發起「保護北極」的呼籲，希望保護北極生態，可以免受工業捕撈之苦，同時也阻止北極石油探勘，以守護無數獨特生物的家園。

但老實說，北極著實離我們的生活圈太遠了，大家往往難以產生同理心。要知道，如果此刻只是說理，恐怕難以達到成效；這時，若是在連署活動網頁上頭，擺上大幅的北極熊寶寶照片，就會吸引大眾的關注，同時也理解到若不採取保護行動，恐怕一百年內北極熊就會絕跡了。「如果不想以後只能在百科全書或動物圖鑑上看到北極熊的圖片，那麼我們最好現在就開始行動！」

整體而言，我們都知道，在這個資訊爆炸的年代，客戶通常不會為了產品本身而購買，而會考慮到附加價值或其他的心理因素。文案

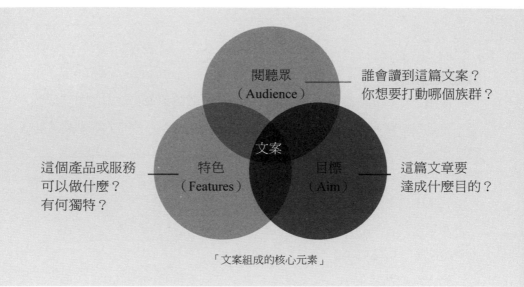

閱聽眾（Audience）————誰會讀到這篇文案？你想要打動哪個族群？

這個產品或服務可以做什麼？有何獨特？————特色（Features）

文案

目標（Aim）————這篇文章要達成什麼目的？

「文案組成的核心元素」

在銷售與說服的過程中扮演關鍵角色，成功的銷售必須創造出獨特的價值，並且要遠超越價格帶給人們的取捨侷限。

而在開始著手撰寫文案之前，若能預先盤點、檢視以上的文案組成三核心元素，將有助於在消費行為的前、中、後期，找出顧客所在乎的價值，並提供具體可行的解決方案。

如果你還是沒有什麼靈感，不妨回想一下自己最喜歡的商品文案，看看那些文案的內容介紹了什麼資訊？又是哪些部分最讓你怦然心動？請謹記，要針對不同的商品屬性進行文案的設計，絕對不能為了銷售商品而堆砌華麗的詞藻或是過度渲染，否則只會讓人覺得很空洞，甚至會帶來反效果。

∻ 好文案要如何醞釀

別為你的產品找顧客，要為你的顧客找產品。
　　──商業行銷暢銷書《紫牛》、《低谷》作者 賽斯‧高汀（*Seth Godin*）

　　現在，我們都能理解文案組成必須注意閱聽眾、特色與目標等三個核心元素，也看過幾個國內外精采的文案案例，接下來我要跟大家談談如何打造、醞釀好的文案。

　　就像練武功要先紮好馬步一樣，只有馬步紮得穩，才可能再談華麗的招術。想要學好文案撰寫，我認為有幾個原則必須遵守：

事先思考：

　　很多人撰寫文案或寫企劃案都容易犯一個毛病，就是一拿到題目就開始寫，或是試圖打開 Google 搜尋引擎找資料。但是，卻不曾好好冷靜思考，想清楚到底這篇文章的目的為何？想要傳達的重點有哪些？

　　想要打動人心，就必須先從對方的角度思考，我們的文案是否對閱聽眾有任何的意義？我們想要推銷的商品、服務，又有哪些特色或利益是潛在消費者會關切的？要從價值層面出發，才能令人怦然心動。

大量練習：

　　大家都知道「羅馬不是一天造成的」，也明瞭做任何事很難「一步

登天」，唯有靠不斷的練習、積累，甚至像加拿大暢銷作家葛拉威爾（Malcolm Gladwell）在《異數：超凡與平凡的界線在哪裡？》（*Outliers: The Story of Success*）這本書中所提到的「一萬個小時」定律，必須大量的練習才能成功。

我承認寫作的確有天份一事，但對於一般人來說，想要達到「讀書破萬卷，下筆如有神」的境界並非不可能——只要我們多觀摩他人的作品、多閱讀報章雜誌，便能豐富自己的視野；再加上平日的努力練習，文筆一定會進步的。

建立創意資料庫：

記得在上文案課的時候，有些同學問過我要如何培養靈感？我也發現，不少人要開始策畫文案時很容易卡關，原因不外乎是遇到腸枯思竭的窘境。為了避免在關鍵時刻發生這種憾事，平常的準備功夫就很重要了。

我會建議大家，從現在就開始建立自己的創意資料庫。如果您平常習慣用紙筆書寫，可以準備一本筆記本，開始記錄日常生活中隨手取得的各種不錯的文案、廣告標語，甚至可以把報章雜誌上的廣告直接影印或撕下來，貼到筆記本上以便隨時翻閱。當然，若您喜歡用 Evernote 或 OneNote 等數位工具來進行記錄，那也可以比照辦理。請謹記，建立資料庫的重點不在於執行方式、工具或流程，而是有沒有徹底執行？

還有一點，請不要把建立資料庫的事交給別人，因為唯有自己才最清楚需要蒐集哪方面的素材與資料，且因資料庫的建置需要一段時間，因此愈早開始著手愈有利。透過資料庫的索引以及大量閱讀，不

但在文案撰寫的過程中可以有很多素材可以參考，更能透過觀摩，增加自己對文字的敏感性，也可藉機學習其他業者的創意與策略。

確保內容正確：

曾上過我的文案課的朋友可能都知道，我會請大家在課前先上教育部網站查看《重訂標點符號手冊》修訂版[6]的內容，趁機把早就還給小學老師的標點符號再重新溫習一下。也許你會覺得納悶，文案寫作和標點符號有什麼關係呢？事實上，這之間的關係可大了——說得誇張點，若能正確運用標點符號，連文句中小小的逗號都可幫助銷售；但如果用錯了，那可是會貽笑大方的，甚至造成誤解哦。

另外，錯別字和不正確的文法也很常見，這些都是我們在文案撰寫過程中需要避免的。建議各位在寫好文案或企畫書之後別急著交件，請先自行讀過一遍；如果沒有把握的話，也可以請同事、朋友代勞，幫忙過目審閱。

實事求是：

知名的學者胡適有一句名言：「有幾分證據，說幾分話；有七分證據，不能說八分話。」意思是凡事都要有所本，必須講求證據。我也認為這段話很重要，應該被所有行銷企畫人員奉為圭臬。以行銷角度來檢視，不能因為今天要銷售某樣產品，我們就昧著良心說該產品多好又多好。

---

6 可至：https://goo.gl/ZKxjPF

　　消費者不是笨蛋，對於充滿溢美之辭的廣告文案，大家心中也都有一把尺，很容易自行過濾。若一味宣傳自家產品有多麼的優秀出眾，卻又拿不出相應的數據來佐證，伎倆很容易就會被拆穿，完全達不到行銷目的。一味想要討好群眾，是許多業者在投入行銷時都曾有過的盲點，希望大家不要再重蹈覆轍了，做行銷的最高指導原則還是得要「有幾分證據，說幾分話」。

多番琢磨：

　　很多人也曾問過我，「老師，我的文筆不好怎麼辦？」其實他們多半並非真的擔心自己的文筆不好，言下之意只是想要確認好的文案是否需要妙筆生花，堆砌很多華麗的辭藻。

　　我的答案很簡單，這世界上也許只有一個方文山，能夠寫出《青花瓷》般優雅的歌詞；但是，我更期待大家可以師法另一位作詞大師李宗盛的工作方式[7]。——**成就一首扣人心弦的歌，遣詞造句是經過多番琢磨才修改而成。**

　　李宗盛的歌直白、簡單，卻讓人朗朗上口、難以忘懷。現今流行的「讓10億人都震驚」之類的內容農場類型標題，或許在一時之間能夠吸引眾人目光，但長久來看，那必將受到市場淘汰。畢竟，能夠引發病毒式爆發的文案，必然是直指人心的。想要讓特定受眾感受到你的用心，除了大量練習撰寫，我認為多番的調整、修改也是必要的。

---

7 可以至此閱讀：https://goo.gl/S44Cye

　　所以，別再擔心自己的文筆不好了，簡單、直接的文案訴求，有時更勝過在冗長的文句之中堆砌了無數看似華麗、實則空洞的辭彙。

　　試想，即便你有全世界最棒的商品和點子，但是如果無法用最簡潔、有力的方式說服目標客群接受你的解決方案，那麼說再多一切也是白搭。

⟩ 關於文案的一些誤解

制定正確的戰略固然重要，但更重要的是戰略的執行。

——聯想集團董事長兼執行長 楊元慶

讀到這裡，您應該對文案有了更多的認識吧？

在本章的尾聲，讓我們再來談談關於文案的二三事。首先，請設法排除一些過去的刻板印象或誤解，並從現在開始建立正確的文案寫作心態！

從我個人過去開設的文案寫作課上，常發現不少人雖然理解了文案的重要性，但其實對文案仍一知半解。所以，我蒐集了一些社會大眾對文案常見的誤解，製作成以下的表格，希望可以給大家做個參考：

	對文案常見的誤解	文案其實是
1	文案寫得好，任何產品、服務就一定賣得動。	文案只是輔助銷售的配角，還需其他環節的配合。
2	產品的價值靠行銷包裝。	產品的價值取決於顧客。
3	寫文案要堆砌一堆流行用語、規格或術語，讓人覺得很厲害。	產品說明要能讓顧客立即了解，標語要簡單好記，容易朗朗上口。
4	文案中要塞滿魅力點或利益訴求，讓人覺得物超所值。	提供顧客可行的解決方案，告知最主要的利益即可。若有需要，可分多次撰寫，並針對不同的好處進行介紹。

我覺得表中的第一點和第二點有關連性，我們可以放在一起思考。要知道，文案寫得好，通常只代表你懂得行銷包裝的重要性，並且有了一個好的開始而已。文案只是整個銷售行為中的眾多配角之一，別過度看重包裝而忽略的本質，請注意商品或服務本身才是主角。

一篇通情達理且淺顯易懂的文案，往往可以幫助業者拉近與受眾之間的距離，或是協助卸除顧客的心防。但是能否僅僅只靠幾行字就把東西賣翻天，主要還是得看產品本身的造化，甚至要考慮到天時、地利與人和。說得殘酷點，即使產品好或是低價也不代表一定能夠熱賣，產品的價值最終還是取決於顧客本身的想法。

價格很重要，但並非唯一。就像曾經紅極一時的「東京著衣」創辦人周品均小姐所說的，消費者真正想要的東西並不是看不上眼的廉價品，而是「**看了想買但價格又可接受的東西**」，唯有找到這個黃金交叉點才是最重要的。

整體而言，一篇好的文案可以烘托商品的價值，可以幫業者加分。至於影響商品價值的關鍵因素，則包括了品牌形象、品質、價格與包裝設計等，以及顧客在完成消費行為前後的整段旅程──當一篇文案完成、並順利傳遞到受眾面前，才是備受考核、檢驗的開始。人們在看了文案之後是否會怦然心動，並採取行動，這之間所牽涉的因素著實太多太多了！

再說到「寫文案的技巧」，很多人容易犯一個毛病，誤以為要把天底下所有華麗的詞藻都用上，或是把各種厲害的流行用語都放進文案中，才能打動人。其實，這是沒有必要的，若一味把這些無謂的形容詞、規格推銷給消費者，大家看多了之後，感官也是會麻痺的，更別

說因此達到感動的目的了。

理想的文案要淺顯易懂,要讓顧客一眼便可明瞭產品的利益與業者的訴求。美好的產品必須要有厲害的標語相互搭配,如此一來才叫相得益彰;當產品透過容易朗朗上口的標語助攻,不但可以讓品牌形象深入人心,更有助於提昇銷售業績。

就像我每次想起「雄獅文具」的產品標語「想像力是你的超能力」,我總會不自覺地跟著那隻可愛的蠟筆奶油獅扭動身軀,並兀自哼起廣告主題曲的旋律。

最後,我們來說說文案與「**產品魅力點**」之間的關係。

所謂的「魅力點」,其實指的就是帶給顧客的具體利益。就好像我已經戴「小米手環」好一陣子了,每天仰賴它來幫我統計步行運動量,偶爾也監看一下睡眠狀態;後來,我也買了一個送給家母,原本約好要一起運動。但後來我發現,這個手環對她的最大利益,其實是透過藍芽的「來電提醒」功能,讓老人家從此不再漏接親友的來電,因而感到特別安心。

產品的魅力點、特色多,也許是件好事,但如果從事行銷的人太貪心,想要把各種特色、優勢都一古腦地寫進宣傳文案中,那可能會模糊焦點,反而容易釀成悲劇了。對許多剛入門的文案新手來說,很容易犯了這個毛病,因此我要特別提醒大家,並非在整篇文案中塞滿各式各樣的好處,顧客就會因此而感激、心動。

想想賈伯斯當年是怎麼推銷新一代的筆記型電腦 MacBook Air?他在發表會上從來不提 CPU 速度、記憶體容量或是與其他競品之間的比較,只是當著大眾面前酷酷地從牛皮紙袋中,俐落地取出那臺簇新的 MacBook Air。

　　只因為這個動作，就讓全世界瞬間「秒懂」了——剛問世的 MacBook Air 是多麼地輕薄精巧？而蘋果公司帶給世人的極致工藝，又是如何地顛覆傳統與創新？

　　總結來說，文案撰寫的重點不在於詞彙華麗或篇幅多寡，而在於能否搔到癢處？只要讓人覺得意猶未盡，想要立刻採取行動，那就勝券在握了！

不少人要開始策畫文案時很容易卡關，
原因不外乎是遇到腸枯思竭的窘境。
為了避免在關鍵時刻發生這種憾事，平常的準備功夫就很重要了。

2

何謂「文案力」？

一篇有效的文案，必須要從受眾的角度切入，
思考他們關心什麼、在乎什麼？甚至是需要什麼？
要知道現代人所擁有的選擇太多，
如果文案寫作還停留在傳統思維，單純從商家的角度去思索的話，
即便產品的功能規格再好、價格再優惠，
恐怕都難以打動人心。

⟩ 讓人聽了就採取行動的魔法

好的廣告不只在傳達訊息，它更能以信心和希望，穿透社會大眾的心靈。
——李奧貝納廣告公司創辦人 李奧‧貝納（Leo Burnett）

如果您喜歡看童話故事，小時候也許曾讀過這篇名為〈花衣魔笛手〉（Rattenfänger von Hameln）的故事吧？

如果沒聽過也無妨，讓我簡單的先說說開頭：這篇故事的大意是說在古早的1284年，德國有個名為哈默爾恩（Hameln）的村落，那裡鼠滿為患，逼得村長不得不貼出告示徵求解決方案。某一天，村裡來了一個自稱是捕鼠能手的外地人，村長和村民一致向他許諾，若能協助除去鼠患的話，必有重金酬謝。於是，這個異鄉人便吹起笛子，鼠群聞聲隨行，被誘至一條威悉河悉數淹死。

當然，這個故事不是這樣就結束了，對後半段故事有好奇的讀者不妨自行再去研究。但讀到這裡，您是否也很希望自己可以擁有那位吹笛手的能耐呢？只需吹出「悠揚的笛聲」（寫下撼動人心的文案），就能讓人信服並採取行動。

許多文案撰寫者或行銷人員時常犯愁，苦於不知道該如何打動人？究竟在這個世界上，到底有沒有讓人聽了就採取行動的魔法呢？或者說得更直白點，到底要怎麼寫出能夠直指人心的文案呢？嗯，我認為當然是有方法的，箇中牽涉到溝通與表達的技巧，還有就是要懂得「換位思考」，設身處地把潛在消費者放在最高的位置。

　　想要讓目標閱聽眾（Target Audience）能夠「聽」我們的，接受各種對於商品、服務的宣傳，進而願意掏出荷包，這必須經過縝密的設計。換言之，這個流程必須要循序漸進，不能急就章。簡單來說，要讓受眾先「聽懂」我們的訴求，然後設法吸引他們「動心」，並降低「疑慮」，最後還要適時地「推一把」，促使大眾採取具體的行動。

　　過去幾年，我曾輔導過許多的新創團隊，也幫這群充滿潛力的創業家修正針對新商品或服務所撰寫的文案。在輔導的歷程中，我發現有高達七成的團隊，都過於著重產品功能、特性的介紹，或是與競品之間的比較；卻忽略了受眾**內心的微妙感受**，更疏忽了社會大眾**會結合過往的生活場景與經驗，自行判斷是否有其需求**。

　　舉個例子，Google公司曾有一個名聞遐邇的「牙刷測驗」，每當他們決定是否併購一家公司時，執行長佩吉（Larry Page）就會詢問負責的同仁：「（我們）擬併購對象所推出的產品，是不是你一天會用上一、兩次的東西？會不會讓你過得更好？」

　　特別是在這個資訊爆炸的年代，大家每天都被大量碎片化的資訊所吸引，看到五花八門的商品文案、電視廣告或DM等資訊時，即便會試著去理解，但多半成效不好。因為大多人其實對這些資訊是無感的，既感受不到這項商品資訊與自己的關係，也不知道為何要採取相應的行動？

　　雖然大家都知道「心動就要馬上行動」的道理，但很殘忍的真相是：大多數的群眾看過文案或廣告之後，也只是知其然而不知其所以然，便很快讓它過去──即使知道這個商品或服務很棒，頂多在臉書等社群媒體上按個讚，卻也未必讓人有足夠的動力去進行消費或採取行動。

　　整體而言，文案的成敗關鍵往往不在於篇幅長短，也毋須著墨太多功能面的元素，而應針對獨特的賣點進行鋪陳，甚至多談談給受眾的利益、好處。唯有凸顯無與倫比的「價值」，才能讓目標受眾聽了有感覺，能夠真正「聽懂」廠商的訴求。

　　好比iPod當初問世時，有別於其他廠商大談價格和規格的做法，蘋果公司創辦人賈伯斯透過「把一千首歌放進你的口袋」的廣告標語，讓人們開始意會到iPod這個數位音樂隨身裝置的便捷，也對「可以方便聽歌」這件事產生具體的想像與更為愉悅的體驗。如今再也沒有人會花時間下載MP3了，但大家對數位音樂的依賴卻與日俱增。

　　要讓受眾「動心」，必須先縮短彼此之間的距離。好比聽聞一客索價1500元乾式熟成牛肉漢堡，當潛在消費者的心中發出「這個東西好像挺酷的？」的聲音時，也就表示他們上鉤了。而最後一個步驟就是儘快「推一把」，用有力的行動呼籲讓這群被鎖定的群眾別再多想，儘快採取行動。

　　我們再以蘋果公司的例子來說明，為何iPhone、iPad推出之後會在全球熱賣？而不是如微軟公司前執行長鮑爾默所批評的「用iPad的人都是可憐的傢伙」呢？我認為，這是因為很多人相信賈伯斯，信任他在產品設計領域的專業以及對追求使用體驗的執著，也認可他每次在蘋果產品發表大會上的簡報內容，進而產生共鳴。

　　所以，很多人就這樣「動心」了，年復一年地採購蘋果的產品，逐漸變成了忠誠的果粉。

　　我永遠記得，在2007年1月的Macworld大會上，賈伯斯用感性的語調說：「這一天，我已經期待了整整兩年半。每隔一段時間，就會有一件革命性的產品改變世界：1984年，麥金塔改變了電腦產業；2001

年，iPod改變了音樂產業。而今天，我們要發表三個同樣重量級的革命性產品。」

嗯，您一定猜到了，賈伯斯口中的三件革命性產品，其實不是三個獨立的消費性電子產品，而是後來改寫全球智慧型手機產業的iPhone。

想要「重新發明手機」的氣魄固然了不起，但身為執行長的賈伯斯並沒有忘記推銷iPhone的重責大任。在整場發表會中，他不斷用迷人的肢體語言搭配精美的簡報，一方面挑動大家對於擁有一支智慧型手機的欲望，也鼓勵世界各地的人們去Apple Store搶購iPhone手機。

現今社會的資訊太多，可替代性的商品或服務也很多，如果沒有人在乎你的商品或服務，其實一點兒也不足為奇。單單宣傳功能、特色就能吸引客群的年代已經過去了，唯有和目標受眾溝通利益，才能讓人停留駐足。

如果說，這個世界上真的有讓人聽了就採取行動的魔法，那麼一定與「**價值主張**」（Value Proposition）有關。到底什麼是「價值主張」呢？簡單來說，係指個人或企業對於提供的產品或服務可以為顧客所做出的承諾價值，而這種承諾價值必須建立在滿足客戶或潛在客戶需求上，並達到個人或企業獲利的目的。

換言之，就是要透過文案的設計與傳達，設身處地點出顧客所面臨的困境，並提出具體的解決方案（提供價值），或是滿足他們的相關需求。

還有，請記得適時的「推坑」，讓目標受眾可以心甘情願地被「**勸敗**」，和我們一起享受使用美好商品或服務的快感。

　　我很喜歡美國生涯教練雪莉・卡特史考特博士（Chérie Carter-Scott）的一句名言：「平凡者只相信可能的，非凡者想像的不是可能或比較可能的，而是不可能的。藉由想像不可能，他們開始視之為可能。」

　　如果您想寫出非凡的文案，就讓我們一起來努力吧！接下來，讓我們利用一些篇幅，來為大家拆解文案力的組成元素與相關細節。

文案力＝表達力╳說服力╳感動力

除非你的廣告建立在偉大的創意之上，否則它就像夜航的船，不為人所注意。

——奧美廣告集團創辦人 大衛‧奧格威（David Ogilvy）

　　我們都知道「羅馬不是一天造成的」，如果您想練就非凡的寫作與銷售能力，寫出不同凡響的文案，請先從觀摩傑出作品與大量練習寫作開始著手。

　　拜便捷的搜尋引擎所賜，現在我們可以很方便就從網路上搜尋到許多幽默「有哏」的文案（或者也可以考慮加入我在Facebook上所開設的文案寫作社團[1]），大家一起來研究、切磋。

　　很多剛開始涉獵文案寫作的朋友問過我，除了多看、多想和多寫，還需要在哪些環節多下功夫呢？我認為，文案撰寫就是一種「交心」的過程，所以我們要特別著重表達、說服與感動人心的技巧，方能把自己的心意傳達給對方知悉。

　　想要寫出讓人眼睛為之一亮的文案，的確需要有好的創意、行銷資源來相互配合，但更重要的還是「初心」二字。「初心」其實是一體兩面，**既詮釋了消費者優先的心態，也意喻廠商在從事行銷時仍需謹記**

---

1 請見：https://goo.gl/yW3jem

回歸產品的本質。

　　就像一手把「幾米」品牌推向全世界的墨色國際總經理李雨珊，曾應邀在「創夢文創講堂」進行分享，分析幾米走向國際的成功關鍵。她說：「幾米和其他多數圖文創作者最大的不同，在於他的繪本是有故事性的，述說可能發生在都會生活中的多元文化經驗。人們因共同的生活體驗而引起巨大共鳴，這也是為何幾米作品能獲得廣大海外讀者喜愛的原因之一。」

　　幾米用他獨特的風格來說故事，透過圖像與文字詩意般的組合，打動了廣大讀者的心，進而形塑了所謂的「幾米現象」。幾米的成功經驗告訴我們，獨特的風格以及具體展現提供給讀者的好處，才是勝出的關鍵。

　　回到商品文案的層面來看，重點並不在於技法或行銷策略，所以也不需要用太多華麗的辭藻來堆砌文句，或是在文案中置入太多的專有名詞或術語。畢竟你我都不是詩人，我們也不是在進行文學創作，著實犯不著「為賦新辭強說愁」，而刻意墊高自己的地位，或者拉遠了與目標受眾的距離。更何況，在忽略使用脈絡的前提下所寫出來的文案，往往也沒有生命力，更談不上能夠達到行銷的目的。

　　好的文案，只需要如實地傳達所欲提供的利益、好處即可。我們再以前一章全聯福利中心的廣告文案來發想，為何他們的每一支電視廣告總能讓人發出會心一笑，甚至成為大家茶餘飯後的討論話題呢？好比每次到了颱風季節，我們總會在電視上看到全聯「防颱三步驟」的廣告，透過「全聯先生」帶有喜感的演出，不斷提醒我們在颱風來襲前要先去全聯補貨、回家堆沙包，然後再封門窗。

我想，這不只是廣告腳本寫得好，或是「全聯先生」恰如其分的演技，更在於他們精準地勾勒市井小民的生活風貌，並傳達出一種全聯真心與大家風雨共濟的精神。

在過往開設文案課的時候，常有學生跑來問我：「老師，我文筆不好耶！我想在網路上賣東西，可是要怎麼寫出感動人的文案呢？」其實，這是一種常見的迷思。

以流行音樂為例，一首被眾人哼唱的好歌，也許因為歌詞雋永而打動人，但也可能只是旋律簡單、好記或因為歌手本身的特色而爆紅。毫無疑問，諸如李宗盛、林夕和方文山等人，絕對是華人音樂圈裡一等一的寫詞譜曲好手，但並非每首傳頌千里的經典名曲，都得要刻意賣弄學問，在歌詞中用上華麗的辭彙或繁複的韻腳。

我們誠然很難複製方文山或林夕的文學素養，其實也用不著硬去模仿或攀比「大哥」李宗盛。流行音樂，反映出普世價值與社會現象，而談到文案寫作，我們需要考慮的因素可能更多，必須把消費行為、使用體驗甚至心理學、社會學等因素都收納進來。

仔細拆解一篇吸睛的文案，我們會發現它的用字遣詞可能很簡單，卻能讓人一眼就留下深刻的印象。這個道理其實顯而易見，因為銷售、傳達的重點不在於文字本身，而是能否站在目標閱聽眾的角度去思考！

真正厲害的文案，應該要能描繪出這群受眾心中所嚮往的情景，讓人乍接觸到文案時，就能夠在腦內自動浮現一幅畫面——無論文案想要傳達的是某種公益理念，抑或是要銷售商品、服務。像是之前速食業者麥當勞主打的感動行銷影片：「媽媽和麥當勞一起進行的秘密計畫」，幾位素人媽媽登場，並沒有太複雜的言語和表情，卻一下子就抓

住了大家的眼球，也讓人聯想到家的溫暖。

當時麥當勞的文案很簡單，只是短短寫著：「媽媽和麥當勞一起進行的秘密計畫……在一起是，距離再遠，也無法分隔彼此。」

在那支影片中，當幾位年輕的麥當勞員工看到媽媽的瞬間，立刻流下驚喜、思念的淚水，乃至於最後又破涕為笑的畫面，便讓人深深地將麥當勞的價值主張與品牌形象疊印到心中。

大家都知道麥當勞的價值主張，就是要給顧客帶來無比的歡樂。但什麼是麥當勞想要傳遞的歡樂感呢？是滋滋聲作響的汽水氣泡滿溢桌面？還是孩童們一邊吃著漢堡、一邊把玩小玩具的滿足表情？抑或是員工看到親人既驚且喜的心動感受呢？

我想，答案已經呼之欲出了。

一篇有效的文案，必須要從受眾的角度切入，思考他們關心什麼、在乎什麼？甚至是需要什麼？要知道現代人所擁有的選擇太多，如果文案寫作還停留在傳統思維，單純從商家的角度去思索的話，即便產品的功能規格再好、價格再優惠，恐怕都難以打動人心。

以微信、QQ等網路服務紅遍中國的騰訊公司，也是現今全球最大的線上遊戲公司，該公司創辦人馬化騰便曾以「**永遠的產品經理**」為榮，三不五時就會提出一些產品的建議給自家的開發團隊。他就曾公開表示：「產品經理最重要的能力，就是把自己變傻瓜。唯有當一個挑剔的用戶，才能發現產品的不足。」我認為這一點跟寫好文案的道理有些相通，我們唯有天天寫，透過A/B Testing等方式不斷針對市場反應來進行改版，才能寫出讓目標受眾感動的文案。

總結來說，吸引人的文案，不必長篇大論，也毋須特地用讓人費解的華麗辭藻來裝飾。文案入門的第一課，就是需要「用心」！如果要

我們給文案力設計一個成功公式的話，我想那應該就是「表達力×說服力×感動力」。

　　想要寫好文案，其實並沒有想像中的困難。打開創意思維的天線，準備好可供書寫的紙筆或電腦，你我就可以開始行動了。現在，就讓我們一起學習，練好表達、說服與感動人心的技巧吧！

表達力：如何靠幾行字賣翻天

報紙的魅力，在於它能操縱大眾的趣味和思想。

——新聞集團董事長 魯柏‧梅鐸（Rupert Murdoch）

過去，很多人都在考完大學聯考之後，就選擇跟「作文」說掰掰。一來是擺脫升學考試的束縛，似乎沒有什麼動機或必要再去學習作文了；二來則是之後進入職場，除非從事和行銷、企畫有關的文職工作，否則似乎也不大需要再搖筆桿兒了。

不過，進入「全員行銷」的年代之後，這種情況已經有些改觀了！如果連強大的社交媒體Facebook都開始重視說故事的價值，並且不斷透過新聞、影音和直播來展現內容的價值，那麼我們更需要去理解文字的魅力，以及如何精準地表達理念與觀點。

大家都知道文案是產品銷售的利器——從各大企業官網上頭的品牌故事，到購物網站上的商品說明，到處都可見文案的蹤影。但你相信嗎？只要靠幾行字，甚至只是幾個字或圖畫的輔助，開發團隊所精心設計的商品或服務就有可能深入人心。

這是如何辦到的？寫好文案的第一個元素，就是表達力。什麼是表達能力呢？簡單來說，也就是表現意念的能力。我們大多數人的說話能力是與生俱來，從一、兩歲牙牙學語開始就會講話，但良好的表達能力卻不是人人都擁有，課堂上也未必會講授，而是需要從生活中不斷地模仿、學習才能精進。

根據「MBA智庫百科」[2]的介紹，**表達力**（Ability of Expression）是指一個人善於把自己的思想、情感、想法和意圖等，用語言、文字、圖形、表情和動作等清晰明確地表達出來，並善於讓他人理解、體會和掌握。

表達能力的重要性不言可喻，現在就讓我們來看看跨國租房平臺Airbnb如何透過表達力來跟全世界的網友溝通吧！

2014年時，全球共享經濟的代表性企業Airbnb進行品牌再造，不但更換了全新的企業識別形象，也重新定義品牌，在字裡行間特別強調「歸屬感」。他們把「People, Places, Love and Airbnb」融入新Logo的設計之中，也希望讓用戶在任何地方看到Airbnb，就能產生一種「家」的感覺。

Airbnb公司的亞太區總監柏紹德（Julian Persaud）更指出，希望透過Airbnb的平臺可以讓廣大的用戶建立信任感，進而創造出特殊的旅行、居住經驗。一如他們在網站上所呈現的文案，「我們擁有超過兩百萬間獨一無二且廣受好評的房源，不論您下次的旅程是與家人、朋友一起出遊還是出差，相信您一定會找到一個理想的家。」

在為每個旅人打造美夢的過程中，Airbnb公司也透過網站上一個個的真實故事和客戶的口碑見證，來傳達他們無與倫比的價值。從Airbnb公司的案例，我們不難理解從基礎的文案寫作，逐步進展到一整套內容策略的建置，箇中的運作邏輯都與人息息相關。

---

2 請見：https://goo.gl/1u2uTU

　　順道一提，就在2017年3月22日上午，Airbnb公司在上海的發表會上正式發表中國區專屬的品牌名稱「**愛彼迎**」。據了解，這是從一千多個名字中層層篩選，所精心選擇出來的品牌名稱，寓意為「讓愛彼此相迎」。雖然網友多半認為拗口難聽，但我還是可以肯定Airbnb公司的用心，只不過畢竟涉及文案和品牌的溝通傳達，真的還是需要多花點心力去設計。

　　看完Airbnb公司的案例，我深深覺得與其過度去強調銷售的環節，自己更喜歡把文案發想、執行的過程，視為是一段陪伴受眾共同走過的精神旅程。成功的文案寫作，固然是以賣出商品或服務為目的，但更綜合反映出你全部的經歷、專業知識，以及你將這些資訊形諸文字的能力。

　　再想想前面全聯福利中心的案例，為何大家看了廣告就會相信「來全聯買進美好生活」這句話？

　　奧美廣告執行創意總監，也是全聯廣告創意的幕後推手龔大中，告訴大家「每支廣告點子的發想，都經過層層過濾跟篩選」，他們不但重視創意，也會評估有無「文化影響力」（Culture Tension）？[3]

　　寫文案，首重精準的表達。文案撰寫者要能確實地傳達訊息，才能讓受眾充分了解。也許因為人性的關係，我們在傳遞訊息時多少都會加入自己的觀點或價值判斷，因此當一則訊息透過愈多的人傳遞時，難免就會愈不精確。

---

3 請見：https://goo.gl/sMY7sn

　　如何確保受眾在接收資訊時不被雜訊所干擾，也是文案撰寫者需要特別注意的地方。要知道，人們看文案的時候不只是想聽聽你的產品和服務，他們更想要的是資訊。而重要的資訊，或者我們所定義「好的內容」，將可以幫助社會大眾做出明智的購買決策。

⊱ 說服力：見證文案打動人心的力量

廣告裡最有力的元素，就是實話。

——DDB廣告公司共同創辦人 威廉・伯恩巴克（William Bernbach）

　　您一定也同意，能夠揮出致勝一擊的文案，其成功關鍵就在於溝通與說服。溝通的品質，取決於精準到位的表達力；而能否說服他人，則需仰賴說服力。道理簡單易懂，但我們又該如何做才能說服受眾呢？

　　根據互動百科的定義 [4]，**說服力**（Ability of Persuasion）是指說服者巧妙地運用各種可能的說服手段（媒介），直接作用於人的五覺系統（視覺、聽覺、味覺、嗅覺和觸覺），進而間接地作用於人的潛意識與意識（也就是人們常說的心和腦），從而影響人的心態和思想，甚至進一步主導人的意志及改變人類行為的一個目的性很強的活動過程。

　　說得更簡單一點兒，說服力就是一種「足以驅動他人做某件事」的能力。而想要對方聽我們的，首先就要改變溝通的方式，然後再伺機置入我們的企圖與動機，運用各種可能的說服手段，進而影響其心態並採取行動。

　　不過，現代人的時間很寶貴，耐心往往也很有限，沒有人有興趣

---

4 請見：https://goo.gl/mTuvff

聽無謂的闊論高談，必須一針見血指出痛點。我們需謹記文案是銷售的推手，而首要之務就是聚焦在傳達商品、服務所帶來的好處，讓潛在的消費者產生共鳴。經典的例子如：

● iPod的價格並不便宜，但一次可以把一千首歌放在口袋裡就很酷。
● Zappos網路鞋店，買一雙送三雙試穿，來回免運費，可退貨期長達三百六十五天。
● 正在挑戰Nike地位的運動品牌Under Armour，為何從運動員到一般大眾都喜愛？一切都源於大學時代曾是體育選手的創辦人凱文‧普朗克（Kevin Plank），他說：「我們單純只是想創造出一件讓專業運動員滿意的高性能服裝。」

　　戴夫‧雷卡尼（Dave Lakhani）在《讓人人都聽你的19堂說服課：從裡到外，你的一言一行都令人忍不住點頭》一書中，自創了一套「說服方程式」。他認為，掌握說服力的過程並不複雜，就只有三個步驟：**取得位置、表現內容和發揮影響力**。

　　「取得位置」的意思，就是要拉近自己和受眾之間的距離，讓對方建立對自己的信任感。同時，也透過讓受眾就定位的方式，確保這群人在說服過程中可被我們影響。

　　要想打動人心，可以運用說之以理、動之以情、喻之以弊、誘之以利或懼之以害等技巧。我們固然可以直接透過文案訴諸受眾的生活、情感、需求與渴望，但重點是您得先讓人信服——想想，您比較相信有「俠醫」美名的已故醫師林杰樑談食品衛生安全，還是願意聽信

坊間來源不可考的養生偏方呢？

　　而在表現內容的部份，戴夫‧雷卡尼建議大家不妨可以透過說故事的方式，與受眾建立緊密的關聯。特別是在文案撰寫時，可以多著墨於大眾所面臨的各種困境，善用實際案例來進行解說，並明確告知能透過相關的商品或服務來解決問題或滿足需求。

　　除了多說明具體的利益和好處，我們也可提供其他人的口碑見證，這將有助於適時推坑，是許多文案高手愛用的有效加分手法。

　　此外，書中也提到「對心定律」（Law of Contrast），也就是先對受眾提出大規模的要求，然後再視情況提出較為限縮的真正需求。這種請求的手法應用了心理學的技巧，讓人更願意給予回應——通常人們在面臨重要決策時，很多人都會傾向選擇規模較小或輕微的決定，感覺受到的衝擊或影響較小，也比較不會受到傷害。

　　至於發揮影響力，則是每一篇文案的終極目標。我們可以善用提供互惠、爭取社會認同、主動發問、建立權威和營造稀缺性等手法來塑造影響力。當然，最高段的影響力，當屬「讓對方自己說服自己」。比如：

- 一套乾式熟成牛肉漢堡，居然索價1500元？目前正在國立臺灣師範大學EMBA進修的美福牛排館行政總主廚陳重光為大家解開謎團，「我們賣的是技術」。
- 是的，Apple Watch所費不貲，甚至比電腦還貴！但我真的需要一個好的穿戴裝置，來監控健康狀態（也順便展現非凡的品味與身分地位）。

　　有了「好的內容」，只是打造吸睛文案的第一步，接下來更要善用說服力，激發受眾產生共鳴並採取行動，這樣才能完成文案所肩負的使命。

感動力：說個有溫度、情懷的好故事

顧客是重要的創新來源。

—— 美國著名管理學家 湯姆・彼得斯（*Tom Peters*）

　　說服和感動，有時看起來像是一體兩面，遠觀還頗有幾分相似之處，但執行起來卻又巧妙不同。誠然，說服具有比較多理性的成分，而感動則是以感性的訴求為主，讓人在特定的場景之中感受到濃郁的情懷與舒適的溫度。

　　在現實生活中，特別像是銷售消費性電子產品，有時僅憑一堆具有邏輯的資訊和數據，便足以說服群眾。但如果對方遲遲不埋單的話，若能巧妙運用故事的力量，或可幫助我們補上臨門一腳，讓有些心動的人們也能立刻採取行動。

　　大衛・奧格威在《奧格威談廣告》這本書中曾經提到：「假如大家覺得無趣，產品不可能賣得出去。您只能靠讓他們感興趣來賣產品。」這句話一點兒都不錯，唯有借助感動力的渲染，才能讓社會大眾對我們所欲銷售的商品、服務感興趣。

　　另一本暢銷書《創意黏力學》的作者奇普・希思（Chip Heath），則把故事譬喻成「我們大腦裡的飛行模擬器」，認為有趣的故事可以帶動想像力振翅高飛。而透過說故事方式的分享，不但有助於在眾人的腦海中營造一致的畫面與經驗，更有利於激發共鳴。

　　任教於美國哈佛大學學習創新實驗室的黛博拉・索爾（Deborah

Sole）教授就曾表示[5]，說一個好故事的關鍵在於情節需盡量簡化，讓人可以融入其中，且最好與日常生活有關——即便聽眾不曾經歷過類似的經驗，也比較容易產生共鳴。

「故事行銷」的概念，近年來已經逐漸被大家所接受，而若能從自身經歷說起，更能吸引受眾的眼球。因為每一個人的背後，往往都有著觸動人心的故事。

而故事之所以精采，正是因為用了我們的人生去醞釀。就好像我常在文案課中，分享自己和家母使用小米手環的親身經驗：

對我來說，使用「小米手環」不是為了趕流行，而是想要貫徹每天堅持走一萬步的決心；對於一個企業講師或創業者而言，維持健康的身心是非常重要的。但同樣的東西，對不同的人卻也有截然不同的意義。以家母而言，小米手環帶給她的最大好處並不在於健康照護，而是透過藍牙與智慧型手機的同步連線機制，從此再也不用擔心會漏接親友的來電了。

每次只要一提起這個故事，我發現臺下的學生們總是聽得聚精會神，甚至露出會心一笑。我想這並非是自己的演講技巧有多麼高超，而是透過真實案例的分享，讓大家很輕易地就能理解諸如小米手環這樣小巧的穿戴式裝置，可以帶給人們的具體好處。

談到用故事來營造感動力，動畫或電影公司無疑是箇中好手。像是曾推出《海底總動員》、《超人特攻隊》和《料理鼠王》等膾炙人口的動畫作品的皮克斯動畫（Pixar Animation Studios），你一定有印象吧？

---

5 請見：https://goo.gl/9CDZP5

他們所出品的每一部動畫不但賣座，還能賺人熱淚，並引發全球影視文化的浪潮。

2011 年時，任職於這家美國動畫工作室的一位資深劇作家艾瑪・蔻茲（Emma Coats），曾在社群媒體推特（Twitter）上發表「說故事的22條法則」，一時之間引起很多的迴響。雖然這份文件並非出自皮克斯官方，卻被許多人認為是該公司動畫故事吸引人心的神奇醬汁。

有興趣的讀者朋友，可以上艾瑪・蔻茲的部落格瀏覽完整的22條法則。在這邊，我想摘錄幾則跟大家分享：

● 您為什麼要說這個故事？這個故事有何特殊之處，讓您的內心澎湃、激昂不已呢？請記得這份感動，這就是故事的核心。
● 時時刻刻謹記，要去理解觀眾對什麼感興趣？而不是您想要表達什麼。
● 故事的核心是什麼？可以用最精簡的方式表達嗎？如果您已經有了答案，就從這裡開始吧。

大家都喜歡聽故事，但並不是每個人都能夠說出直指人心的好故事。還好，在真誠待人的前提之下，我們都有感動他人的能力，更可喜可賀的是——說故事的技巧，其實是可以練習的。我們將在後續的章節中，繼續講解如何運用說故事的訣竅來撰寫有效的文案。

唯有凸顯無與倫比的「價值」，
才能讓目標受眾聽了有感覺，能夠真正「聽懂」廠商的訴求。

慢讀秒懂數位好文案

3

奠定
「文案力」的利基

如果您問我在寫文案之前，
有哪些前置作業需要做？
我想，前提就是要弄清楚自家商品、服務的特性，
同時也要對目標受眾的痛點和需求了然於心吧！

⟨ 界定你的目標受眾

你如果想創造一個好的產品，請鎖定一個人為目標客戶，並確定那個人得到最棒的體驗。

——*Airbnb* 公司創辦人 布萊恩・闕斯基（*Brian Chesky*）

如果您有一些正在創業或做行銷的朋友，或者您本身就從事產品開發或業務銷售的相關工作，一定常有機會聽到「TA」這個關鍵字吧！說不定，您根本就時常把這個字眼掛在嘴邊？

到底什麼是TA呢？ TA是Target Audience的縮寫，翻譯成中文也就是「目標閱聽眾」或「目標受眾」的意思。維基百科告訴我們[1]，目標受眾又稱目標顧客、目標群體和目標客群，是一個行銷活動中被列為溝通目標的特定人口群體。

這裡所提到的行銷活動，主要是指推銷某商品或服務的廣告活動，但也可以是政治競選活動或其他宣傳活動。而常見的目標受眾，可依照年紀、性別和地區來畫分，也可以包括幾個不同的人口群體，比如：所有20到30歲的未婚男性或喜歡到日本旅遊的女性上班族等。

或許，您也會有這個疑問，為什麼在撰寫文案之前要先界定目標受眾呢？不是愈多人看到我們的廣告文案就愈好嗎？何苦要畫地自限

---

1 請見：https://goo.gl/j75dGh

呢？又，是不是只要沒有廣告預算的限制考量，就可以把市場上所有的客群都列為行銷的對象呢？

就像我們在第一章所談論的，很多人對於文案寫作仍有一些誤解或迷思，像是錯把全世界的人們都列為目標族群，再用臉書廣告、關鍵字廣告等行銷資源狂轟猛炸一番，就可以收到效果。或是誤以為在文案中塞滿了眼花撩亂的福利、好處，就能讓人產生一種物超所值的感覺，進而採取行動。

但是，真實的世界並沒有這麼單純。您真的了解真正的目標受眾是哪些人嗎？他們在乎、想要的又是什麼呢？而貴公司辛苦研發的產品，在他們心中的地位又是如何呢？

我覺得協助新創公司的加速器企業「之初創投」（AppWorks）合夥人林之晨的譬喻很貼切，他把設定目標受眾這件事，比喻為一個「濃度」的問題[2]——當您對準了一群購買意願很高的客群，行銷的工作將會事半功倍。他也舉例，在過往輔導的一百多個團隊中，目標受眾設定最精準的莫過於「媽咪拜」（Mamibuy）[3]，也因為鎖定了這群有很多問題急待被解決且具有高消費意願的新手父母，所以讓Mamibuy這個號稱最多媽媽分享的親子平臺業績成長飛快，其粉絲專頁「媽咪拜—新手爸媽勸敗團」更擁有三十萬名的粉絲按讚，也儼然成為許多爸媽獲取親子購物資訊的交流社群。

2 請見：https://goo.gl/ioouVT

3 可上官網：https://mamibuy.com.tw/

嗯，現在讓我們繼續把焦點轉回到文案上。

能讓人看了就忍不住採取行動的文案，也許可歸功於撰稿者擁有好文采，或是事前功課做得充足，援引了許多令人信服的有力數據、口碑見證。但是在我看來，這些文案的背後，通常都有個一致的原則，那就是——**懂得從對方的立場出發，客觀看待市場變化的發展脈絡。**

要知道，光是提出商品的功能、特色還不夠，顧客往往不會因為這些因素而輕易認同或被說服，我們還得設法找出商品、服務本身的主要賣點，也就是廣告行銷學所提到的「**獨特銷售主張**」（Unique Selling Proposition）。

這是由美國達彼思廣告公司的前董事長羅賽・里夫斯（Rosser Reeves）在 1950 年代首倡的構想[4]，他認為廣告必須引發消費者的認同，行銷團隊得要側重於對產品的聚焦。

而這個主張，需要具備以下三個要點：一是**利益承諾**，強調產品有哪些具體的特殊功效和能給消費者提供哪些實際利益；二是**獨特**，這是競爭對手無法提出或沒有提出的；三是**強而有力的訴求**，要做到集中，是消費者會很關注的資訊。

從茫茫人海中鎖定我們想要溝通的目標族群很重要，而聆聽顧客的聲音更顯關鍵，因為無論是文案撰寫者或行銷人員，很難單憑想像的方式，去猜測或理解顧客對於某項特定商品的具體需求？以及在市場推出相關服務之後，又會遇到哪些的瓶頸或考驗？

因此，在這段過程中，我們必須不斷地與某一群特定對象進行對

---

4 請見：https://goo.gl/nfoY1D

話，藉以了解其真正需求，以及環繞這項商品所衍生的各種問題、想法。這時，若能透過「用戶輪廓」的分析，將有助於獲得解答。而所謂的「用戶輪廓」、「用戶畫像」或「人物誌」，其實談的都是同一件事，也就是Persona。

根據維基百科的介紹[5]，這是一種在行銷規畫或商業設計上描繪目標用戶的方法，經常有多種組合，方便規畫者用來分析並設定其針對不同用戶類型所開展的策略。

傳統的「市場區隔」（Market Segmentation），主要是為了有效的配置行銷資源、擬定行銷目標以及創造行銷優勢。而在掌握目標受眾的年齡、職業、性別或居住地等基本資訊之後，若能再透過用戶輪廓等工具的分析，便可進一步了解他們的行為、動機，對於挖掘真實需求有極大的幫助。如此一來，不但有助於釐清受眾的行為模式，更能在研究、調查的過程中確保客觀。

好比如果有一家公司想切入熟齡市場，計畫針對銀髮族或身障者推出接送服務，就必須把相關的解決方案與配套措施推銷給目標受眾：一來讓有需要的人可以用得安心、舒適，二來也讓家中有長輩或行動不便者的人士（通常也是真正付費的族群），萌生「我們需要這項服務」的念頭。

以創立於2009年的「多扶接送」[6]為例，創辦人許佐夫因為七年前幫外婆申請復康巴士感到極度不便，觸發他產生創業的動機，也以單趟接送僅收費新臺幣五百元的低廉價格切入市場，形成高度的門檻與

---

5 請見：https://goo.gl/6mAVYP

6 請見：http://www.duofu.com.tw/

❺ ❻

壁壘。

　　多扶接送之所以能夠獲得市場好評，不僅因為低價策略奏效，在很多細節上的追求，更是他們勝出的關鍵。舉例來說，許佐夫在自家的官網上，便以「一個兒子帶著坐輪椅的老爸爸搭車，開車途中突然聞到尿味」的真實案例[7]，具體說明多扶接送如何實踐「顧客至上」的服務精神，也藉機凸顯該公司與其他業者的不同之處。

　　從文案寫作的角度來看，多扶接送很清楚地指出臺灣目前的無障礙空間、設施還不夠完善，然而人們不該受到這些障礙的侷限。他們打出「有愛無礙，悠遊自在」的口號，不但很能貼近這個市場的現況，也符合目標受眾的切身需求。

　　而透過官網上鉅細靡遺的說明，更讓人可以清楚理解多扶事業股份有限公司想要解決「孕、幼、老、輪」族群的交通問題，讓行動不便者能夠自主掌握「行的需求」。這樣形諸文字的溫馨訴求，很自然就能在大眾心中形成一種好感與品牌形象。

---

7 請見：https://goo.gl/TB6gde　❼

⟩ 與潛在顧客產生共鳴

我人生從來沒有一天工作不做行銷，如果我相信一件事，我會推銷它，而且我會努力推銷。

——雅詩蘭黛化妝品公司創辦人 雅詩・蘭黛（Estée Lauder）

如果您最近常逛書店的話，一定不難發現書架上總是有好幾本專門「教人說話」的新書——不管是翻譯書或本地作者的著作，也無論是從業務銷售的角度出發，或是基於學術理論的探討，看到這些書大量被引進，足以說明社會大眾對於溝通、傳達的需求甚殷，也凸顯人際之間對話的重要性。

大家都知道，行銷的目的無非是找到對的客戶，進而賺取收入；但是，要想讓顧客為你的產品付錢，其實並不是一件很容易的事。

與潛在顧客產生共鳴，是許多行銷人夢寐以求的事，而最簡單、直接的做法，就是深入觀察、了解這群特定人士的起居作息與生活習慣，並從中尋求切入點。唯有設法牢牢抓緊目標受眾的需求與痛點，才能讓人願意靜下心來傾聽，而不致於被外界五光十色的新資訊所吸引。如此一來，方有機會得以開啟對話與產生共鳴。

近年來，臺灣本土有很多傑出的新創團隊陸續成立。其中，從臺灣出發、面向全球的社交求職網站meet.jobs[8]，就是由林昶聿和蔡姿旭這

8 請見：https://meet.jobs/

兩位具有海外工作經驗的年輕夫妻檔所創立。

　　他們的創業理念很簡單、明確，就是希望可以幫更多臺灣人一圓出國發展的夢想。meet.jobs有一句很棒的標語「讓全世界一起幫你找工作」，貼切地傳達了該網站的特色！創立至今，透過該公司所提供的海外職涯顧問服務，已經幫許多有志於海外求職的年輕人找到了理想的工作機會。

　　這家網路公司的共同創辦人蔡姿旭（Lily Tsai），之前曾上過我的文案課。因為創業的關係，她常需要對外介紹自家的服務，以尋求曝光的機會。而因應行銷、宣傳等需求所撰寫的各式文件，更是不在話下。

　　她學習文案寫作的經驗很值得參考，在徵求她的同意之後，特別摘錄一段跟大家分享：

　　「之前常常為了行銷文件忙到半夜三更，卻還是寫不了一段吸引人的文案。當我知道Vista老師有開文案寫作的課程，馬上二話不說，報名參加！在這四堂課裡，藉由老師的作業，把公司的網路文宣、媒體新聞稿、線下活動稿及每週的職缺宣傳報都一併完成。

　　目前，自己在寫作上還有努力空間，但是也已經掌握一些寫作重點，好比：第一段就要傳遞重要的訊息，要知道讀者是誰？以及，想要達到什麼效果？當你發現，讀者跟你有所共鳴的時候，你就會想一直寫下去。」

　　Lily說得很好，文案撰寫的確需要掌握重點，不只說明產品的特性，更要說出潛在顧客心中的話。當讀者跟我們有所共鳴的時候，自然就會想一直寫下去，想要跟對方分享心中的感動與理念。

是的，我們都要學會用文案講重點，說大家想聽的話！如此一來，自然就容易用大家都感興趣的話題，與潛在顧客產生連結。

那麼，要如何與潛在顧客產生共鳴呢？我們不妨再看看meet.jobs公司的做法：

基本上，那些會從茫茫網海中發現meet.jobs網站，進而使用其服務的客戶，一開始未必全部都對meet.jobs網站感興趣，或是認同這個品牌——而是本身就在找工作（或有相關需求），甚至是有志想站上國際舞臺。

但如果林昶聿和蔡姿旭這對人生與事業的好夥伴，只是一味暢談他們所提供的創業理念或服務項目，卻又受限於新創團隊的資源有限、品牌不夠知名，便很難敵得過其他獵人頭或人力銀行等競爭對手了。

所以，曾旅居新加坡、澳洲的蔡姿旭，就運用說故事的方法，在網站上寫下一篇篇的文章，分享她過去在海外求職的親身經歷；特別是2008年的時候，因為受到金融海嘯的牽連而找不到工作的心情寫照，更能引發大眾的同理心。

這兩位創辦人大方在網站上頭分享自身經驗，更時常參加創業講座，也如實傳達創立meet.jobs公司的願景和理念——不但藉此凸顯他們希冀打破傳統人力銀行「資訊不對稱」的做法，也向目標受眾傳達出想要成為一個「可以服務求職者，而不是只有服務僱主的網站」。

對了，在這裡要提醒大家，在設法與目標受眾產生共鳴時，要特別注意一點，不要只是強調功能性的優點，也要訴諸於情感層面的利益、好處，像是使用體驗、安心感或優越性等等難以量化的部份，更要留意或多所著墨。

　　雖然有一句玩笑話說：「好的老闆跟你談錢，壞的老闆跟你談理想」，畢竟以找工作這件事來說，工作地點、薪水或員工福利固然很重要，但主管與同事們的個性如何？好不好相處？有沒有發展性？或是到海外求職有無其他「附加價值」等等因素，也同樣是求職者所在意的重點唷！

⟩ 從需求與困擾中探尋商機

平凡與非凡的差別,就差在多出來的那一點點。

——職業美式足球隊「邁阿密海豚」、「達拉斯牛仔」隊

總教練 吉米‧強森(Jimmy Johnson)

　　出生於美國密西根州底特律市的喬‧吉拉德(Joe Girard),是金氏世界紀錄大全認可的全球最成功的推銷員,從1963年至1978年,總共推銷出13,001輛雪佛蘭汽車,可說是成果斐然。

　　這位被外界譽為是「全世界最偉大的銷售員」,用他的親身經驗告訴我們成功絕非僥倖。喬‧吉拉德有一句名言:「如果你想要把東西賣給某人,你就應該盡自己的力量去收集他與你生意有關的情報。」

　　即使銷售汽車這件事並不困難,但喬‧吉拉德還是很勤奮地建立顧客檔案,而且從來不假他人之手。

　　喬‧吉拉德還提到在建立顧客資料庫的時候,要記錄有關潛在顧客的所有資訊——不只是對於轎車的用途和喜好,更要連他們的年紀、興趣、工作經歷、文化背景和家庭成員等都要翔實記載。簡單來說,任何與客戶有關的事情,都會是未來派得上用場的重要情報。

　　喬‧吉拉德認為,在與這些潛在顧客互動的過程中,若能將他們所提過的資訊都記錄下來,便能從蛛絲馬跡之中解讀客戶的需求或困擾,進而提供有效的建議或解決方案。

　　比方原本有位中年婦女想買臺白色的福特轎車,送給自己當做生

日禮物，但福特的業務員卻因為她的穿著樸素而誤認這位女士買不起車，便有意冷落。後來喬‧吉拉德知道了，不但致贈一束鮮花還親自幫她慶生，也成功打動這位女性的心意，轉而買下具有時尚感的白色雪佛蘭轎車。

換句話說，如果我們可以明確地掌握目標受眾的需求，或知道那些困擾他們的事由，自然會知道商機所在，也比較清楚可以從何處切入。業務銷售可以這樣操作，想要寫出有效的推銷文案亦然。

從消費者的立場來看，我們都知道，光是商品、服務本身好，還不足以吸引人採取行動；唯有超乎預期，或是真正被顧客所需要的東西，才能達成銷售。如果不具備讓人強烈想要擁有或支持的特色，即便有再多的功能，這款商品也很容易就會被競爭激烈的市場所淘汰。

深入了解目標受眾的需求或困擾，也有助於理解目標受眾的個性。如果這個潛在顧客比較理性，重視具體的利益，那麼我們就要在文案中多引用一些科學根據或有力的數據來佐證。倘若要針對講求感覺或氛圍的客群來溝通，那麼就不妨多從情感層面來進行訴求。

舉例來說，如果您要創業賣手工皂，除了強調環保與洗淨功效之外，可以多說說自己和手工皂之間的小故事，或是跟大家談談製作手工皂過程中的某些特殊經歷，比較能夠和坊間的產品產生差異化，也可打動人心。

但假設您要賣筆記型電腦或智慧型手機等消費性電子產品，那麼在商品文案中所提到的利益、好處，就要盡量具體或可以量化（比方價格、規格等），也不妨善用權威認證（好比得獎記錄、評鑑分數）的力量。

文案撰寫的重點，在於完整呈現商品、服務的概念，要把最吸引

目標受眾的利益或獨特銷售主張寫出來，也要注意使用場景的搭配。

同樣的一份文案，每個人讀過的感受都不盡相同，大家會對什麼感到心動也是因人而異。所以，我們在撰寫文案時也要根據不同的對象，甚至是不同的需求或困擾來著手。

比方您要販售葉黃素或維他命等健康食品，就得先弄清楚目標客群是哪些人？消費主力是一般的上班族嗎？還是針對學齡孩童或銀髮族？而使用的場景又為何？這些健康食品是在上班時間食用嗎？還是在家隨早、晚餐服用呢？一天又要吃幾顆比較好呢？多吃會不會反而有害？——隨著得到答案的不同，我們在揣摩文案撰寫的角度和重點時，也會有所差異。

又好比我常在課堂上拿來舉例的小米手環，就算是推出了新一代產品，也增加了很多實用的新功能；但萬變不離其宗，小米手環的出發點就是幫大家蒐集數據，把關身心健康。

從這個角度來進行推演，就不難理解主要的目標受眾鎖定那群重視健康的上班族，而次要的客群才是中、老年人或其他階層的用戶。至於最能享受利益的場景，則不外是日常生活所觸及的環境。回過頭，我們再去看看小米手環的官網，相信你也可以發現一些有趣的線索。

在清楚地掌握了這些脈絡之後，我們自然能夠歸納、整理商品的概念，並寫出最能吸引顧客的利益與銷售主張。

⌁ 說顧客想聽的，而非自己想說的

不管你是賣漢堡或賣電腦，其實我們都在服務客戶。我們共同的目標，就是每天必須超乎客戶的預期。

——溫蒂漢堡創辦人 戴夫・湯馬斯（Dave Thomas）

　　我們都知道，寫文案或投放廣告，都是運用行銷手法把東西賣給別人的一種策略。不過，很多人還是習慣從自己的角度出發，而不懂得「換位思考」的重要性，更難以設身處地從對方的立場來思考。

　　很多人更是常感到苦惱，「明明我們公司的某某商品這麼棒，價格也很合理，為何客戶還是不喜歡呢？」

　　道理其實很簡單，因為即使文案寫得再漂亮，若未能獲得潛在顧客的認同也是枉然。更何況，就算大家覺得這個東西的品質好，也未必能讓人產生立刻需要購買的動機。

　　《孫子・謀攻篇》有云：「知己知彼，百戰不殆；不知彼而知己，一勝一負；不知彼，不知己，每戰必殆。」

　　倘若大家只顧著寫出天花亂墜般的宣傳文案，只求把自家的商品、服務銷售出去，卻忽略了消費者的感受，而不去理會對方是否真的需要它？甚至也不多思索目標受眾使用的動機、場景為何？那麼，即使一時之間僥倖達到業績目標，長遠來看，又怎能做到「知己知彼」呢？

　　也許您想要發問，那什麼才是「好文案」？要怎麼做才正確？對每

個人來說，也許答案並不盡相同，有的人格外注重成效和轉換率，但也有人在乎情感層面的感受，希望文案是有溫度的媒介；又或者兩者兼具，一如當年李欣頻小姐幫誠品書店所寫的一系列文案——既傳達了具有文化底蘊的品牌形象，又能夠吸引大批文青前往朝聖和消費。

關於這個問題，我的文案課學生，也是「易生姓名學」的創辦人洪浩倫說得坦率：「答案很簡單，只要顧客看完你的文案會下單，那就是好文案。」

要寫出「讓人看完就立刻下單」的厲害文案，箇中自然有很多的細節和訣竅，但倘若我們無法透過文字的力量來彰顯商品的獨特銷售主張，或是不能營造出一種讓人想要繼續往下看的衝動……那麼，即使文案寫得再優美，也無法產生具體的價值，一切也只是白費工夫。

如果您問我在寫文案之前，有哪些前置作業需要做？我想，前提就是要弄清楚自家商品、服務的特性，同時也要對目標受眾的痛點和需求了然於心吧！

在過往教文案課的經歷中，倘若要我列出一個「文案寫作常見問題」的排行榜，除了「文筆不好」這個時常困擾大家的問題外，也不時會有學生問我：「老師，明明我們公司的商品很棒，我也有很多的創意，可是怎麼就不知道要怎麼下筆耶？」

嗯，通常會有類似的疑問，就表示您對自家的產品還沒有足夠的把握。若不是不夠熟悉其功能、特色和賣點，那就是對市場定位、區隔或潛在消費者的理解還不夠到位，所以才會頓生「提筆千斤重」之感。

在文案撰寫的過程中，不少人常武斷（也自以為好意）地幫目標受眾做決定，或習慣以自我為本位來進行思考。以往我在幫企業作內部訓練或提供顧問諮詢時，常可見到這種情況，如果我們只顧著寫自己

感興趣的功能、規格或利益，卻都不願意花一點心力從消費者的角度來進行檢視，自然容易招致失敗的命運。

我有一位住在新竹市的朋友羅正東，大家都叫他「東東」。他自詡為「電腦職人」，過去曾任職於新竹科學工業園區的半導體公司，近年來專門提供電腦銷售、維修、教學與諮詢等相關服務[9]。

東東告訴我，很多業者在銷售電腦時都強調售後服務，甚至蘋果公司還有推出所費不貲的「Apple Care」保固服務。但根據他多年的銷售經驗，以及統合幾位在NOVA賣場賣電腦的業務員的看法，通常只有時常需要帶筆電出國的客戶，才會特別關心在國外的維修是否方便？

想想也有道理，其實，現在的電腦故障機率已經大幅降低了，也很少有客戶在買電腦時會主動關心售後服務了！採買電腦設備時，大家第一個想到的，還是不外乎品牌、造型、價格還有規格。

所以，我要給大家一個建議，請快快收起諸如「我以為」、「我覺得」或「我是為你好」等等片面的不成熟想法，而要多關心目標受眾的需求，說說顧客真正想聽的意見吧！

這章最後，我想再以一個實際的案例來說明，網路圈名人「486」陳延昶是我的小學同學，他也是被商業周刊認證的超級團購王[10]。在短短八年內，他就賣了超過六萬臺的掃地機器人，幾乎臺灣每三臺掃地機器人之中，就有一臺是由他開設的公司經手賣出的。

9 請見：https://goo.gl/dd1aEL

10 請見：https://goo.gl/BcdNmR

　　探究「強者我同學」的成功關鍵，可以發現他賣掃地機器人的初衷，其實最早是為了幫不愛做家事的老婆尋求省事的方法。而這種幫婆婆媽媽們解決做家事的困擾的出發點，卻意外為他打下一片事業的江山。

　　根據《商業周刊》的報導，陳延昶從不輕易推薦商品，也不寫收費的廣告置入文，只有親自使用之後覺得好用的產品，才願意跟大家分享。他特別喜歡傾聽顧客的心聲，也格外重視客戶的客訴問題。從解決生活問題的角度出發，這些年來從無到有，一點一滴打造「486」的品牌形象，也爭取到社會大眾（特別是家庭主婦們）對他的認同感。

　　在「486」的部落格裡，可以發現不少有關各廠牌掃地機器人的文章，仔細閱讀便可以發現他不只是著墨於產品本身的特性與價格，更談到許多真正使用之後，才會發現的細節。甚至，他還曾在拜訪廠商的過程中，跟原廠工程師提出產品開發的建議。

　　綜觀「486」的部落格文章，可以發現他很擅長用平實的文字來說故事，不但容易讓人留下深刻的印象，更因部落格的特性而易於口耳相傳。他不但說出了顧客想聽的重點，更幫忙顧客向原廠傳達所在乎的事情、爭取權益，也難怪這幾年的銷售業績扶搖直上。

　　「486」並沒有運用太多的宣傳技巧，但從字裡行間卻看得出一個身為人父的中年男子，對於親情的眷戀以及家庭生活品質的堅持。我想，誠懇地說出顧客想聽的重點，無疑就是「486」的致勝關鍵。而這一點，也是值得我們學習的地方。

這些傑出文案的背後，通常都有個一致的原則，
那就是──懂得從對方的立場出發，
客觀看待市場變化的發展脈絡。

4

表達力：
文案如何協助行銷

文案內容之所以需要精雕細琢，
因為它不只是一般的文學創作，
雖然還談不上「文以載道」，
但卻也因為承載了業者的行銷動機與企圖，
而必須注意使用場景與若干細節。

⟩ 建立文案的內容策略

抓住時機並快速進行決策，是現代企業的成功關鍵。

——美國史丹佛大學教授 凱瑟琳・艾森哈特（Kathleen M. Eisenhardt）

　　讀完本書的前面三章，我想如果現在跟朋友談起文案的功能，您應該已經很有概念了——從一般商品包裝上的說明、便利商店的店頭海報到購物網站上的「銷售頁」（Landing Page），都不難理解文案對於輔助銷售或溝通傳達的重要性。

　　提到商品、服務的開發與營運，也許大家都能理解這並非是一件容易的事，箇中也有許多需要注意的細節；但是，到底什麼是「內容營運」呢？又為何撰寫文案也需要理解內容經營與行銷，甚至要為自己公司的商品擬定「內容營運策略」呢？

　　何謂「內容營運」？事實上，這並沒有標準答案。但我們不妨以網路產業為例，看看「內容營運」是怎麼一回事。

　　簡單來說，內容營運是由核心的團隊成員事先擬定一套縝密的策略，並透過創作、企畫、編輯與組織等流程來鋪陳、展現獨特的內容。經由圖文影音等媒介的傳播，與目標閱聽眾或潛在消費者進行對話，進而提昇用戶黏性和留存率，具體增進企業希望產品或服務所產出的價值。

　　換言之，內容的創作、策畫、組織與呈現方式，以及其品質、數

量與產出周期，都可能會左右內容營運的成敗，也會對產品、服務的經營產生關鍵性的影響。內容營運的範疇甚廣，不再只停留在文案寫作、官網建置或粉絲專頁經營的層面，而需要從更高的角度鳥瞰，才能夠「見樹又見林」。

內容營運的重點，首先要先制定一套縝密且有效的內容策略。而根據內容行銷營運諮詢公司 Brain Traffic[1] 執行長兼創辦人克里斯提娜‧哈沃森（Kristina Halvorson）的說法，**內容策略（Content Strategy）是關於有用、可用的內容的創造、消費和管理的一系列計畫。**

透過內容策略的制定，不僅僅能幫助我們瞭解內容的特性，可以得知究竟哪些內容是我們所需要的？還能讓大家清楚地意識到為何會需要這些內容。

弄清楚了內容營運和內容策略的定義之後，接下來讓我們來談談這些精心打造的內容，究竟要傳遞給哪些人？就像我之前在文案寫作課上常跟同學提到的，身為老闆或創業者，可能都會希望自己嘔心瀝血寫出來的文案，能夠被全臺灣甚至全世界的人廣為傳頌——但是各位也知道，如果真的要這樣做，不但需要花費很高的成本和廣告預算；而且就銷售動機與目的來說，似乎也沒有這個必要。

試想，如果您經營一個親子購物網站，那麼主要鎖定的客群就應該是家中有寶寶的爸爸、媽媽們，而非一般的大學生或上班族。若您是一位酷愛旅遊的部落客，那麼就必須針對同樣喜歡天涯行腳的讀者們設計內容，在部落格或 Facebook 粉絲專頁寫下一篇又一篇令人心生

---

1 請參見官網：http://braintraffic.com/　❶

嚮往的旅遊圖文紀事。讓人看了圖文並茂的內容之後，就萌生一種立刻想要上網訂機票和旅館的衝動。

再舉個例子，您一定曾在街頭收到各式各樣的廣告傳單吧？但您可知道，想要把傳單發得又快又有效，也是有技巧的哦！我曾觀察過有些發送傳單的工讀生，除了本身有禮貌和親和力之外，還會事先過濾對象，並非逢人就發，而是鎖定潛在消費者才出手發送。若再加上面紙、便利貼等小禮物的助攻，可能就會更讓人願意花幾秒時間端詳傳單的內容，這一點就相當地厲害。

好比若我們要跟月收入還不高的年輕上班族推銷動輒上千萬的房地產，這無異於緣木求魚；同樣的，如果要針對中年人或銀髮族宣傳網路交友服務，可能效果也不會很好（除非業者事先進行市場區隔與定位，強調是為中年人所企畫的交友服務）。

內容營運的面向牽連甚廣，這一系列的步驟是**從內容的蒐集、創作開始，逐步進展到策畫、呈現，再到溝通、傳播，最後才能進入到成效的檢核與評估**。在這個循環中，內容策略的制定是最重要的，而主要的重點就在於適得其所，把對的內容傳遞給對的族群，如此方能各取所需，也能收相得益彰之成效。

與其寫出美麗的文案，設計讓人怦然心動的內容才更顯得關鍵。因此，要想有效地表達文案內容，首先就是要確定「交心」的對象，進而為這群人設計明確的內容策略。以大家所熟稔的網路購物領域來說，最近流行的「內容電商」便是巧妙運用內容的力量協助進行流程的優化。

亞馬遜的執行長貝佐斯也曾說過，**不要將精神花在觀察對手做什麼？唯有專注理解顧客的各種需求，才能持續精進用戶體驗**，進而讓來

自世界各地的顧客群在愉悅的購物體驗中感到滿意。

　　大陸的「峰瑞資本」初創公司投資項目負責人黃海便曾指出，常見的「內容電商」可分為兩種，一種是**非人格化的內容**，像是圖片、文章或一些導購的影音、社群；另一種則是**人格化的內容**，也就是所謂的「網紅」。但是，並非在購物網站上置放一些美女圖、影音短片、笑話或部落客的導購文章，就能夠激發消費者的購物慾望。內容必須要與消費場景或顧客有所關連，才能讓人怦然心動。

　　換個角度來看，真正厲害的營運高手，就是有能耐讓原本沒有明確購物計畫的消費者在逛購物網站的時候，莫名產生一種購物衝動，並迅速地下單，完成整個交易行為。對經營團隊而言，唯有好的內容才能夠直指人心，讓人產生共鳴、留下深刻的印象。話說回來，這也才是制定內容策略之後所體現的核心價值。

　　現在，您應該已可理解文案表達與內容策略的關連性，接下來我們將進入本章的重點，開始跟大家談談文案寫作的技巧與注意事項。

不同類型文案的寫作技巧

顧客，是重要的創新來源。

——美國著名管理暢銷書作家 *湯姆·彼得斯*

　　我在幫學生上文案課的時候，都會教他們遵守「停、看、聽」的原則。意思是當您接到撰寫一篇文案的指令時，先不急著打開電腦、振筆疾書，在此之前請先停下手邊的工作，仔細思考一番。這個目的，除了可以幫助自己靜下心來，也有先弄清楚您的內容是寫給誰看的用意。之後，再多方蒐集資料，多看、多聽來自當今市場與客戶的各種聲音；如此一來，才能針對潛在的顧客群設計出明確的內容策略。

　　談到內容的體裁、形式，先不論刊載在平面或電子媒介上，如果我們單以篇幅的長短來看，那麼坊間常可見到的內容，由短到長大致可區分為：**標語（Slogan）、短文案、長文案與一般性質的專欄、文章與故事**等。

　　文案的篇幅和類型不同，需要注意的地方多少會有些差異。像是常見的標語或口號，就是特別容易在政治、社會、商業、軍事或宗教等範疇派上用場。而這種容易記憶的格言或者宣傳短句，主要用以反覆表達一個概念或目標為主。好比現在一想到「想像力是你的超能力」，您的腦海裡是否就會浮現起那隻可愛的蠟筆奶油獅呢？甚至，還會跟著哼廣告主題曲？而一想到「現點現做，美味到桌」的標語，不用多想就知道這是摩斯漢堡在前陣子所推出的宣傳短句。

　　至於短文案，通常長度比標語來得長一些，但又不像長篇文案那樣鉅細靡遺。外界賦予短文案的使命，就是一肩挑起文意需淺顯易懂，卻又要讓顧客一眼便可明瞭產品利益與消費訴求的雙重任務。簡單來說，字字珠璣的短文案，最重要的任務就是要用短小精悍的文字，營造一幅能讓受眾感動並將自我投射其中的畫面。

　　舉例來說，創立於2006年6月的「掌生穀粒糧商號」[2]，是一個販賣「臺灣生活風格」的農產品牌。我對他們旗下有一款名為「王大哥的山水」的春茶特別有印象，上頭的文案是這麼寫的：

　　是哪一天？哪件事讓王大哥回到土地上，我沒有問。我們煮著熱水，用一口簡單的白瓷壺泡茶，一座台灣的高山流水就在我手執的杯中。

　　瞧，掌生穀粒的這段商品文案，是不是既有幾分文青般的詩意，又點出了臺灣本土農產品牌的濃郁特色？

　　一般而言，撰寫商品文案需要注意以下幾點，好比：告知商品給顧客帶來的利益、闡述自家商品或服務的獨特優勢、凸顯與競爭者之間的差異、提供令人驚艷的印象以及提出行動呼籲，帶動持續消費的意願等。

　　長、短文案除篇幅的不同外，在使用時機上也略有所區隔：觀察一些常出現在我們生活中的商品，在宣傳的時候似乎比較偏好運用短文案；這是因為不需要過多的解說，且商品往往只有小小的利益點。

---

2 請參見：https://www.greeninhand.com/

當業者想提高該品牌的偏好度時，便可巧妙運用短文案來刺激社會大眾。

當然，文案寫作的技巧，也會因內容形式、主題的不同而略有所殊異。請先設想清楚您的內容屬性與目的，再根據商品價值、利益來進行區隔，並設計出獨特的行動召喚模式。

一般而言，**需要解說**的商品（特別是剛問世的新產品）或**高價位**商品，通常會使用長文案，藉此建立目標受眾對新產品的需求，也容易鼓動潛在消費者直接採取行動。

的確，在撰寫長文案的時候不但比較耗費心神，需要考慮的環節也的確會比較多。我通常會建議文案課的同學，有空可以到書店翻翻《天下》、《商業周刊》或《數位時代》等商業雜誌，除了關注最新趨勢和商品動態外，這些雜誌上頭也不時會有一些不錯的範例（廣告文案）可茲參考。

其次，內容形式的選擇，不只是從篇幅和體裁來論斷，更可以從屬性和目的來區分，比方諸多企業官網上頭常見的品牌故事或願景宣言、營運理念等，就和一般的商品文案有些不同。而像是在全球頗具知名度的臺灣高級瓷器公司法藍瓷，就在官網上提到他們係以「仁」為品牌哲學，以人為本，師法中國傳統「敬天愛物」的觀念，重視天地萬物與人之間的情感與互動，強調好人好事之企業精神。

好比在台灣信譽卓著的建設公司「大陸工程」，他們的企業使命則是經由不斷追求企業之卓越，並提供高品質與專業之服務，致力成為亞洲地區營建工程產業之領先企業。而其經營理念，則是以服務顧客為尊、以提昇專業為榮和以創造價值為念。初次接觸，也許會覺得這類的文章讀起來有些嚴肅、八股，但不可諱言地，卻也彰顯了每家企

業的特色與本質。

　　每每說到文案寫作，好像大家常會有所誤解，以為一定要寫得文謅謅的，或是必須堆砌大量的華麗詞藻，才能彰顯文案撰寫者的厲害之處。

　　在這裡，我願不厭其煩地再次提醒大家，**好文案無需堆砌華麗詞藻，更不見得需要「文筆好」**。這是因為文案並不完全等同於文學創作，所以即便文案寫得優美，也未必就能直指人心，或讓人願意聽從召喚、採取行動。

　　就好像耐人尋味的流行音樂，也有很多的風格，如果您是音樂創作者，也不必每一首都要刻意學習五月天、周董和方文山的做法；設法找到屬於自己的風格，再跟樂迷說一個好故事，反而比較重要。

　　再舉個例子，大約在六、七年前，從日本飄洋過海而來的「DyDo咖啡」，曾以說故事的手法，推出一系列的廣告文案，像是「在薪水還沒減肥前，減糖吧。」、「面對主考官，拿出笑容前，先拿鐵。」和「當腦袋變白的，就把黑的，倒進肚子裡。」等等。

　　這一系列的廣告，巧妙地把咖啡的特性融入文案之中，企圖傳達出一種上班族自得其樂（或者自怨自艾？）的生活哲學，也希望藉此獲得消費者的共鳴，並強化DyDo咖啡的品牌印象。

　　乍看之下，DyDo的廣告文案和全聯福利中心之前所推出的「全聯經濟美學」系列廣告，頗有幾分異曲同工之妙：同樣都從年輕人的角度切入，並設計出很酷的標語。

　　但我懷疑，這兩者的效果可能會有些差距？全聯的形象早已深入人心，而從2015年開始主打的「全聯經濟美學」系列廣告，成功地營造

了一種反差，也吸引了年輕人的目光。

反觀 DyDo 這一系列的廣告文案，雖然讀起來頗有幾分新意，也曾獲得第三十二屆時報廣告金像獎「平面類飲料項銀像獎」、「技術類（平面）文案獎銀像獎」等獎項的肯定，但我認為——如果廣告文案只能獲得評審或專業人士的青睞，而難以進入社會大眾的視野，那麼就失去了苦心撰寫內容的用意，以及傳達、溝通的效果了。

文案內容之所以需要精雕細琢，因為它不只是一般的文學創作，雖然還談不上「文以載道」，但卻也因為承載了業者的行銷動機與企圖，而必須注意使用場景與若干細節。

是以，我們要想寫出讓人怦然心動的宣傳文案內容，除了文句要淺顯易懂、容易朗朗上口外，還得注意字裡行間所隱含的脈絡、邏輯——是否能精準傳達？或是有做到前後呼應？

理想的文案，要能有效提昇目標客群的感知，故而必須先釐清產品的**獨特銷售主張**（Unique Selling Proposition），再研擬出相應的內容策略，然後再根據顧客的需求與喜歡的形式來進行撰寫。至於要走專業路線，或用詼諧幽默的筆觸，則需視市場定位和產品屬性而定，並沒有標準答案。

如果你的公司或團隊時常需要對外宣傳、曝光，偏偏行銷或廣告預算又很有限的話，那我會建議：請先好好規劃和建置自家的官網，好好書寫品牌故事和整理一些常見問答集，同時善用書寫部落格、經營 Facebook 粉絲專頁等方式對外宣傳，這也是一種內容行銷的好方法。

同樣的，如果大家需要著手撰寫各種商品、服務的宣傳文件，也請記得以上提到的這些原則。請謹記，好的創意固然重要，但若無法

達到內容本身所被賦予的溝通或行銷目標，也是白搭。親愛的朋友，請你千萬別本末倒置，只顧著學習一些華而不實的寫作技巧；要知道，這些技巧倘若派不上用場，那麼一切都是枉然。

文案布局與下標

三流的點子加一流的執行力，永遠比一流的點子加三流的執行力更好。

——日本軟體銀行集團創辦人 孫正義

在開始談文案的布局與下標的技巧之前，讓我們快速地先來複習一下與文案有關的資訊吧！

如果現在問您「什麼是文案呢？可以簡單回答嗎？」，嗯，是否胸有成竹呢？如果這個問題要我回答的話，我會說：「**文案寫作，其實是廠商與消費者共伴的一段精神旅程。**」

成功的文案寫作，自然是以賣出產品或服務為目的，綜合反映出您全部的經歷、專業知識，以及您將這些資訊形成文字的能力。換言之，通常能夠打動受眾的某個場景（例如：使用微信錢包來支付「得到」App 的訂閱付費內容、使用某個到府收件洗衣的服務來省下洗衣服的寶貴時間），背後都有其商業邏輯。

就像蓋房子之前，我們需要先有一張完整的建設藍圖，才能開始動工；而談到文案的布局，我認為道理也是相通，首先要思考整體的中心思想為何？在開始撰寫文案之前，一定要弄清楚——到底是想要販售商品，還是想建立品牌形象？或是想推動什麼公益活動？唯有全盤思考清楚之後，再來構思表達方式。

其實，文案的寫作過程，和撰寫文章、報告的差別並不大，同樣都要歷經蒐集資料、審題、立意、規畫大綱與撰寫等步驟。

而談到寫作破題時，您是否還記得作文課的老師曾教過大家的多種技巧呢？無論是使用開門見山、自問自答、金句開場、情境描繪或結論前置法，都要謹記先創造需求，唯有先行勾引讀者的興致之後，再來解釋原因或交代細節。

所謂的「破題」，就是要在文章開頭時具體點出旨趣或是解說題意。如果是撰寫介紹商品、服務的新聞稿，我們可以採用「倒金字塔式」的結論前置法。倘若要運用說故事的手法，不妨善用情境描繪的方式進行，讓大家跟著您的文字，走進故事的情境之中。

「自問自答」或「運用金句」來開場，也是常用的手法，可以吸引大眾的關注，然後再巧妙嵌入有關商品的介紹、說明、請求或提問的字句，便能凸顯文案的功用。

當然，規畫大綱也很重要，特別是當您還不夠熟悉文案撰寫的時候，不妨利用一些既有的框架來輔助。而當我們在進行文案布局時，也可以透過以下的文案魅力檢核表，看看自己在撰寫過程中，是否都有把重點交代清楚了？或是有漏掉某些的細節？

檢視商品文案魅力的檢核表	
1	自家的商品、服務有哪些吸引力？
2	這個商品最值得一提的特色、利益是什麼？
3	消費者為什麼要擁有它？
4	這個商品是否值得和親友分享？
5	如果是您自己，是否會想要購買？

談完文案布局，接下來讓我們來談談「下標」這件事。

您是否還記得，文案的三個核心元素是什麼？對的，就是**閱聽大眾**（Audience）、**特色**（Features）以及**目標**（Aim）。而商品文案的構成要素，一般說來，包括了：標題、內文、圖片（含圖說、表格或影片）、數據（含專家說法、口碑見證或輔助資訊）、聯絡方式與購買方式等資訊。

如果想要打動目標受眾，我們就必須兼顧以上提到的這些元素。其中，又以標題最為重要。在廣告圈有這麼一個說法，有高達五成以上的廣告效果要拜標題的力量所賜。

由此可見，標題具有容易吸引人，也有助於傳達整份商品文案的大致意涵，更可以協助鎖定目標受眾等特性。是以，倘若我們能夠寫出吸睛的標題，對於文案本身不但有畫龍點睛的效果，也有幫助傳達、溝通和誘使目標受眾對內文產生興趣的功效。

日本知名作家西村克己在《麥肯錫顧問反覆自我練習的順序思考法》[3] 一書中，提到運用金字塔結構圖，便可說出一套有邏輯的論述。

想要打造紮實的「邏輯金字塔」並不困難，只需依序放入主張、三個支持主張的論據，再配置足以支撐各論據的三份佐證資料。同樣地，撰寫文案時也可以援引「邏輯金字塔」的概念，多談主張、論據和相關資料，只要三者之間有脈絡和條理可遵循，內容自然具有說服力。

好的標題，容易抓住讀者的目光，因此我們應該多利用最寶貴的篇幅來談論價值主張，以便導引目標受眾採取行動。

---

3 大樂文化有限公司，2016年5月出版

另一位日本作家西脇資哲在《做出第一眼抓住人心的好簡報》[4]這本書中,提到簡報的重點不是讓對方理解你的想法,而是「讓對方照你說的做」。而製造需求的三種宣傳方式,包括:

● 提供誘因:用吸引力創造購買需求。
● 強調限定:用稀少性創造購買需求。
● 負面宣傳:用風險告知創造購買需求。

文案下標,也可以運用類似的手法,善用誘因、限定或風險等方式來傳遞自家商品或服務的獨特價值主張。除此之外,下標時還可以結合時事、以好奇心或情感面做為訴求,不只是介紹商品、服務的功能、特性或便利性,更要傳達顯而易見的利益給消費者。

當然,在下標的時候,也可以把一些關鍵字或商品名稱嵌入其中。這樣做的好處不但容易引起目標受眾的關注,也有利於搜尋引擎優化(SEO)。根據Google自2012年1月起,統計控制關鍵字、時間、網址、廣告活動和廣告群組等條件的內部資料[5]顯示,**光是將關鍵字與廣告標題緊密結合,就能使廣告點閱率平均提升15%。**

Google進一步指出,如果在廣告標題和內容描述的第一行都包含關鍵字,在68%的情況下都能提升點閱率,顯見這種做法更容易引起共鳴。

此外,如果您的品牌字詞有商標標示(如品牌名稱後附有 ® 或

4 三采文化出版事業有限公司,2016年7月出版

5 請參見:https://goo.gl/ZGRiEX

❺

™），更容易加深印象。附上「官網」字樣也有加分的效果，特別是如果貴公司的品牌知名度夠高時。根據Google的統計資料[6]顯示，光是加上「官網」字樣，點閱率平均就能提升2.4%。

　　其實，有關下標的技巧很多，我們也可以跟國際知名媒體學習！舉例來說，英國BBC旗下所屬的新聞學院（BBC Academy），就提供非常多有關媒體寫作的參考資訊。其中，也有針對寫作風格，提出他們的專業建議。BBC的編輯建議大家，在標題的部份長度一般不要超過16字，使用的文字要準確、清楚和上口（讀起來要流暢），也要盡量利用標題顯示內容性質。而在文章中所使用的小標，文字同樣要清晰、準確、簡明，要確實起到分割文章結構、吸引和引導讀者閱讀的作用。

　　整體而言，吸睛的標題就是要有能耐讓人在看到的那一瞬間留下印象，並且感知這是和自己切身相關的議題。如此一來，借助文案的力量來進行行銷的目的，便可望水到渠成。

6 請參見：https://goo.gl/EqbwGB

置入銷售資訊、動機與獨特銷售主張

企業管理的核心，過去是溝通，現在是溝通，未來仍是溝通。

——日本松下電器、松下政經塾與PHP研究所創辦人

松下幸之助

　　全球知名的廣告人李奧‧貝納（Leo Burnett）先生曾說過，「做生意的唯一目的，就在服務人群；而廣告的唯一目的，則是對人們解釋這項服務。」

　　一如這句話所揭櫫的道理，撰寫商品文案的目的就在於服務我們事先所設定好的目標受眾，向他們解釋自家商品、服務所帶來的特性、優勢與利益，使其激發渴望以及產生行動的動機。

　　至於要如何在文案中置入銷售資訊、動機和獨特銷售主張，現在就讓我們花一點時間來了解吧！

　　常有人問我，要怎麼寫吸睛的文案？在看過很多同學的課堂作業或他們幫公司所撰寫的文案之後，我發現大家都有幾個普遍的問題癥結──不是寫得太平鋪直敘，或是過於拘泥形式，再不然就是一味強調商品的功能，讓人沒有欲望繼續往下看。

　　嗯，當然我不是說這樣不行，這也並非是文筆的問題，而是在這個注意力被嚴重瓜分與稀釋的時代，要把一篇文案寫好必須注意的細節相當多。好比以下簡單列出的幾個原則，就相當地重要：

- 標題要顯眼，讓人一目了然。
- 一圖勝千文，商品照片也很重要。
- 可多說優點與好處，但不可過度渲染或誇大。
- 規格、功能和售價要寫清楚，避免引發誤會。
- 多參考同業的文案，多看報章雜誌的報導。

廣告界的前輩李奧・貝納告訴我們，「一個真正優秀的創意人員，對實事求是比能言善道更有興趣，對感動人心比甜言蜜語更覺得滿足。」

在文案中寫下有關商品或服務的簡介，如果只是按照傳統的方式進行，也許可以做到「實事求是」的地步，但卻很難達到「感動人心」的境界。

蘇・赫許可維茲寇爾（Sue Hershkowitz-Coore）在她所撰寫的《寫出好業績：業務老鳥、菜鳥都要懂的銷售信函寫作術》[7]一書中指出，撰寫帶有銷售目的的電子郵件時，我們必須「穿上對方的鞋子」，給予潛在客戶想要知道的資訊。

其實，無論是電子郵件或本書所介紹的商品文案，一如蘇・赫許可維茲寇爾所言，「一封好的郵件內容簡要，但務必包含真誠的心意，若對方能感受到你的誠意，信件內容就比較容易被認真看待。」

所以，我建議大家可以多想想消費者的使用情境，或是可以從「使用體驗」的層面著手，鼓動目標受眾主動去思考：

---

7 麥格羅・希爾國際出版公司，2012年3月出版

- 尚未出現該商品或服務時的日常生活？
- 商品或服務問世之後，對生活產生了什麼變化？
- 該商品或服務所帶來的具體價值？

　　我之前曾幫臺灣的中保集團舉辦企業內部培訓，也指導各個事業單位的同仁針對商品利益和好處撰寫文案。舉一個例子說明，中保集團旗下的龍騰旅遊，看中湖南張家界的發展潛力，近年來大力推動張家界的旅遊、觀光，希望把這個擁有「奇峰三千，秀水八百」的仙境推薦給更多人。

　　在文案課進入實戰演練的環節時，一開始，龍騰旅遊的同仁還是不斷著墨於旅遊行程的低廉價格，或是張家界的優美景色（像是全世界最長的玻璃橋、全世界最高的戶外電梯等）。毫無疑問，這些當然都是張家界的特性或優點，但要知道，全世界的美景到處都有，又該如何吸引熱愛旅遊的人前往張家界呢？

　　後來，龍騰旅遊的同仁們引用了美國前科羅拉多州州長南西・迪克（Nancy E. Dick）造訪張家界的說法，「**在張家界，每呼吸一次，應付5美元**」。巧用名人證言，把張家界的「仙境空氣」喻為全世界最貴的空氣，而這個具體且帶有稀缺性的價值，也成功地吸引了大眾的關注。

　　在《跟誰簡報都成功：表達力╳故事力╳說服力如何一次到位！》、《視覺溝通的法則：科技、趨勢與藝術大師的簡報創意學》等知名簡報教學書籍的作者南西・杜爾特（Nancy Duarte）的眼中，所謂的傳達和溝通，其實就是在彼此之間建立一條信任的道路，讓對方覺得「跨到你這邊很安全」。

　　是的。打造信任的道路，真的非常關鍵。那麼，要如何進一步說

服目標受眾,讓他們心悅誠服地接受行動召喚呢?我有幾個法寶,可以分享給大家:

- 適時提供贈品或免費體驗,讓人先嘗試看看。
- 善用數據資料或來自第三方的統計。
- 使用「不滿意,保證退錢」策略,去除心中的疑慮。
- 運用名人見證或使用者口碑。

美國作家羅伯特・寇米耶(Robert Cormier)有一句名言:「寫作的好處是,你不需要像動腦部手術一樣,一次就做對。」

的確,在我們撰寫文案的過程中,的確可以先設想中心思想、再建構大綱。甚至只要時間許可,我們還可以不斷地修改與精進,寫出帶有銷售資訊和行動召喚的好文案。請謹記,文案要聚焦在顧客迫切需要解決的問題,讓顧客相信您的獨特銷售主張。

看到這裡,相信您已經初步知道要如何借助文字的力量來協助行銷了!

「什麼是文案呢？可以簡單回答嗎？」
如果這個問題要我回答的話，
我會說：「文案寫作，其實是廠商與消費者共伴的一段精神旅程。」

慢讀秒懂數位好文案

5

說服力：
用利益收買顧客的心

說服別人，並不見得需要辯才無礙，
只要我們可以鎖定目標受眾，
調查其具體需求或困擾，再培養以市場為導向的思維，
並時時掌握競爭者的動態，
就不難寫出一份具有獨特銷售主張的文案了。

⟩ 建立文案的獨特銷售主張

我的成功，來自每天努力把「手邊的工作」做好。

——美國知名電視節目主持人 強尼·卡森（Johnny Carson）

　　做生意，其實就是這麼一回事——各家企業總想說服消費者購買自家的商品，但您可曾想過消費者真正想買的是什麼嗎？需要的又是什麼嗎？與其一個勁兒地對目標受眾兜售商品，倒不如設法解決他們的問題，或者提供一個更好的解決方案。

　　這個時候，我們曾在第三章介紹過的「**獨特銷售主張**」（Unique Selling Proposition）就可以派上用場了！

　　幫大家複習一下，「獨特銷售主張」推出至今已經超過半世紀。這是在1950年代，由美國達彼思廣告公司的前董事長羅賽·里夫斯（Rosser Reeves）首倡的構想，後來又在1961年所出版的《廣告的現實》（Reality in Advertising）一書中，提供了比較具有系統性的介紹。

　　羅賽·里夫斯認為，廣告要能夠引發消費者的認同，而行銷團隊首先必須聚焦於產品本身。綜觀獨特銷售主張的發展，需要具備以下三個要點：

● 利益承諾：強調產品有哪些具體的特殊功效和能給消費者提供哪些實際利益。

● 獨特：是競爭對手無法提出或沒有提出的。

● 強而有力的訴求：要讓消費者集中意識，熱切關注的資訊。

　　那麼，該如何建立商品文案的獨特銷售主張呢？讓我們先來看兩個案例。

　　第一個案例，是全球知名的保險套製造商杜蕾斯（durex），為了「慶祝」父親節所推出的廣告文案[1]：

To all those who use our competitor's products: Happy Father's Day.
（祝賀那些使用我們競爭對手產品的人：父親節快樂！）

　　我們不難看出杜蕾斯極盡戲謔之能事，卻也只用了短短一句話，就明確點出了自家商品與其他保險套的區隔——有效避孕。避孕，便可視為是一種獨特銷售主張。

　　另外一個案例，就是創立於1972年的「摩斯漢堡」（モスバーガー、Mos Burger）。這是一間在日本東京地區發跡的連鎖速食餐廳，1990年11月時由東元集團引進至臺灣，目前全臺分店達261家，主打中高價位、高品質與東方口味的健康輕食。

　　從摩斯漢堡的官方網站或餐廳DM不難看出，他們以**現點現做**的服務自豪，各式餐點不但含有大量新鮮蔬菜，還有生產履歷的保證。不同於其他嘈雜、油膩的速食餐廳，摩斯漢堡的用餐環境相形之下顯得溫馨高雅，各家分店還提供專用的洗手臺，也確保乾淨、衛生。

---

1 請參見：https://goo.gl/cjh3NV ❶

　　觀看摩斯漢堡的粉絲專頁——MOS Burger 摩斯漢堡「癮迷」俱樂部，可以看到米漢堡引進臺灣25年以來的大事記[2]。而從這張圖表中，不但看到了不同風味的米漢堡的演進、迭代，相信大家也不難理解摩斯的獨特銷售主張，就是提供健康又美味的速食餐飲。

　　簡單來說，獨特銷售主張並不見得要很深奧，其實就是在進行市場區隔與推廣行銷時所特別設計的訊息。

　　觀察杜蕾斯和摩斯漢堡的案例，我們可以了解一份傑出的獨特銷售主張，並不需要長篇大論（當現代人的注意力已經成為稀有貨幣，大家沒有太多耐心讀完長文，所以請直接講重點即可），而是要能切中關鍵；透過簡單扼要的介紹，具體說明自己的獨到優勢，以及如何能從激烈競爭中脫穎而出的原因？

　　看看杜蕾斯的廣告文案，在簡短的文句之中完全不提功能、特性，卻又暗喻擁有強大的避孕效果，讓人可以安心享受性的歡愉，卻又不用煩惱會在一夜狂歡之後意外當上父親。

　　這個議題值得大家深思，**到底我們能夠提供哪些利益給消費者？**嗯，還記得之前我曾舉過手工皂的例子嗎？如果您打算販售自己親手製作的手工皂，面對市場上滿坑滿谷性質相仿、價位也相近的產品，預備如何傳達獨特銷售主張給潛在客戶呢？

　　要說服別人，並不見得需要辯才無礙，只要我們可以鎖定目標受眾，調查其具體需求或困擾，再培養以市場為導向的思維，並時時掌握競爭者的動態，就不難寫出一份具有獨特銷售主張的文案了。請謹

---

2 請參見：https://goo.gl/baxx7r ❷

記，文案要有效，並不見得要很冗長或堆疊華麗的詞藻。

　　無論是說一個故事或述說主張，都必須讓消費者明白，購買廣告中所提及的產品，可以獲得什麼具體的利益？廠商所強調的主張，必須是競爭對手做不到的或無法提供的；換言之，我們必須說出其獨特之處，在品牌和說辭方面是獨一無二的，強調「人無我有」的唯一性。

　　也就是說，我們在文案內嵌入獨特銷售主張的用意，其實就是為了提煉自家商品獨一無二的魅力點。**捨棄傳統叫賣式的宣傳方式，改而跟潛在客群述說一個故事或主張，讓消費者清楚知道使用我們的商品，可以得到哪些利益？**特別是別人沒有而我們有的特色，當然值得大書特書；但如果是大家都有的部分，也要設法找出其間的差異性。

　　獨特銷售主張，比拚的不只是說故事的能力，更在於價值、情感層面的彙總。文案長短自然不是重點，能否讓人怦然心動，進而採取購買等行為，才是真正的關鍵所在。

多談利益，不只說功能與特性

勇敢地「冒險」，沒有什麼事能取代經驗。

——巴西知名作家 保羅・科爾賀（Paulo Coelho）

　　要想寫出具有說服力的文案，一言以蔽之，就是要多談利益（Benefit）。切忌一直說些大家都已經知道的功能和特性，要知道——那些老生常談，是不會有人感興趣的。

　　先舉個例子，我有個朋友叫Michael。他的兒子Jason到了快要考大學學測的年紀，卻還每天沉迷在手機遊戲的世界裡。Michael和他老婆每天對小Jason耳提面命，三令五申要他好好讀書，諄諄告誡唯有考上好大學才有美好未來。但小Jason卻怎樣都聽不進去，還覺得自己是遊戲天才，以後想要靠撰寫遊戲程式打天下。

　　後來我有點看不下去，就利用某個假日跑去他們家，看到小Jason之後，只是輕描淡寫地說：「我有認識臺大的老師，專門在教手機App開發哦！不只是臺大，同樣也在公館附近的臺灣科技大學資工系，甚至還有電腦遊戲設計學程呢！」話還沒說完，就看到他兩眼睜得老大，從此不用Michael夫妻多說什麼，放學之後就很自動自發地用功讀書。

　　瞧，這不就是一個現實生活中常可見到的例子嗎？我們以Jason的故事來說明，爸媽的大道理說太多，他根本聽不進去！倒不如直接訴求利益，讓他知道如果以後想要開發手機遊戲，高中階段還是需要好好地用功讀書，這樣才能有機會接觸到大學理想科系與受到名師的啟發。

讓我們換個場景來看，當人們在逛大賣場的時候，常會不自覺地被琳琅滿目的商品所吸引。但我想你也同意，大家真正會放到購物車裡頭的商品，卻可能少之又少。身為一個精明的消費者，大家不僅在意商品的功效與價格，也愈來愈重視商品背後的獨特價值。

很多廠商會幫商品設計美輪美奐的包裝，上頭還不忘用斗大而聳動的標語做訴求。但這樣的文案是否能夠幫助銷售，恐怕值得打一個問號？誠然，商品文案是否吸引人，其實很主觀的，箇中也存在著很多的關鍵因素，大家如果能夠善用「FAB銷售法則」，將會如虎添翼。

嗯，什麼是「FAB銷售法則」（FAB Selling Technique）呢？簡單來說，「FAB銷售法則」是負責推銷的人士以文字、視覺或影音的溝通方式向消費者提供分析、介紹產品利益的一種好方法。想想如果今天您收到主管的指示，要幫某一款產品或服務撰寫銷售的文案，會如何著手寫這篇文章呢？

我想，大部分需要撰寫文案的朋友，可能都會感到很苦惱吧？因為不知道如何具體地寫出吸引人的好文案，所以很多人就直接開始介紹商品的功能、規格，或者訴諸價格了！

其實，我們可以試試運用「FAB銷售法則」！所謂的「FAB銷售法則」，就是三個英文單字的縮寫：

F就是Feature或Fact，也就是指涉產品的**屬性或功能**，好比新款的小米手環，新增了心跳偵測器，所以不但可以監測運動數據與睡眠品質，還能夠掌握使用者的心跳情況。

A則是Advantage，也就是優勢的意思，要跟消費者說清楚自己與競爭對手有何不同？好比小米手環的重量相當輕巧，只有區區5公克而已，不過該有的功能一項都不少，比其他的穿戴式裝置更容易「讓人忘

了它的存在」。

至於B，就是Benefit，也是客戶最重視的利益與價值。讓我們再以小米手環為例，若要單純講記錄運動數據等功能，也許各家的運動手環都大同小異，也很難真正讓消費者的眼睛為之一亮。因此，唯有訴諸可以帶給消費者的利益，才能爭取到眼球。

運用FAB銷售法則來介紹產品或服務的特色時，可以針對客戶的需求，以有選擇、有目的或有層次的方式逐一進行說服。

在這邊，我想特別跟大家分享一點：那就是許多產品的功能或優點也許很明確，通常也很一致（比方：坊間的運動手環很輕巧、可以追蹤運動或睡眠狀況等）；但是對消費者而言，它們在利益或價值面的呈現，卻可能有很大的不同。負責撰寫商品文案的朋友，不妨可以利用這個機會，好好地「借題發揮」一下。

舉例來說，我自己有好幾條運動手環，每個產品的價格不一、也都各擅勝場，但最後持續掛在我手腕上的穿戴式裝置，卻是售價最便宜的小米手環，這是為什麼呢？並非其他家的產品不夠出色，而是因為小米手環不需要時常充電的這個利益點最能打動我。

對忙碌的上班族來說，也許我們都已經習慣每天幫智慧型手機充電，但是穿戴式裝置畢竟是戴在身上，若能盡量減少離身的機會，不但量測數據會更準確，也可以節省一些時間。所以，小米手環每充電一次可以持續30天的這個特點，便相當地吸引我。

很多傳統的商品文案，只是單純地介紹了商品的功能、規格，卻無法打動消費者，這是因為很多商品其實是大同小異的，再者對消費者而言，倘若沒有明顯的誘因，那是無法打動人心的。想想，一個「容量高達8G」的MP3播放器和可以「裝下1000首歌」的MP3播放器，哪

一個更讓人「有感」呢？

我們要謹記，活用「FAB銷售法則」來撰寫文案，可以分別從F、A、B等三個層次逐一加以解說，並整理成可以帶動銷售的完整主張，但是也可以針對消費者最重視或關心的利益切入並直指核心，讓我們所欲傳達的利益、價值與消費者的需求達成一致。

有一句西諺說得好：Features tell, but benefits sell.（功能說出賣點，但利益決定賣出）

誠然，向潛在的顧客進行說服，本來就不是一件很容易的事。但如果大家可以活用「FAB銷售法則」，針對目標受眾進行溝通的時候多談談利益，讓人感受到箇中的價值，我相信將會水到渠成。

善用名人加持與數據佐證

未來，屬於那些相信自己美夢的人。

——前美國第一夫人 愛蓮娜・羅斯福（Eleanor Roosevelt）

在這個世界上，大部分的人們都有服從權威的習慣。小時候我們都很聽老師的話，長大了則是唯老闆、主管的命令是從；結婚之後，大多數人約莫就只聽另一半的話了。

人們為何容易服從權威呢？一來是因為這些專家在相關的領域中表現突出，具有卓越的本職學能，二來是他們所取得的成就也比一般人來得大，也比較容易獲得社會的廣泛認可。

正因為相信這些專家、學者的見解高於我們，所以特別容易獲得大眾的敬重，也容易讓人信服。

舉個例子，我記得歌手「周董」周杰倫曾在2014年代言一款名為TiinLab的耳機。向來是廣告寵兒的周杰倫，相當愛惜自己的羽毛，他不但慎選代言產品，也實際參與了耳機的設計。他所屬的杰威爾音樂總經理楊峻榮表示：「周杰倫不僅是代言人而已，他還參與耳機的調音，看上的是它最新的聲音科技。」

在廣告文案上，我們可以看到「Optimize by Jay Chou」的字樣，也顯示周董並非僅是一般的代言，而是有一定程度地參與了產品的開發與設計。這款打著曾為法拉利等精品耳機代工，成立品牌後行銷全球的臺灣廠商，也因為選對了名人代言，產品推出之後果然吸睛又吸金。

TiinLab的廣告很簡單，海報上就是酷酷的周董閉上雙眼、戴著耳機在聆聽音樂，一副很享受的模樣。它的文案更簡單，只寫著「Explorer of Audio Soul」（音樂靈魂的探險家），這很容易讓人和音樂才華洋溢、又擁有金耳朵的周董建立連結。

無論消費者想要買的是擁有卓越音質的耳機，還是喜歡周董的形象，可以說這款廣告文案都達到原本設定的目標了。而這一點，也是善用名人加持的好處。

不過，要運用「名人代言」這招也是要注意一下，並非任何商品打名人牌都有效，也要看這個名人和商品的屬性、風格是否搭配？

就好像周杰倫過去曾代言摩托車和耳機，都很符合他酷酷的風格，這樣就有幫商品加到分。但最近在臉書上我們也看到有些粉絲專頁邀請名人來助陣，不過產品銷售並未因此有太多的加分，這就是因為無法讓潛在的客群感受到名人與這個商品之間的關連性。

名人、網紅可說是一張王牌，但也要視時間、地點來打，好比由藝人宋達民和洪百榕夫妻檔所經營的粉絲專頁「宋達民和洪百榕愛的粉園」[3]，不時會跟粉絲分享他們的家居生活。綜觀整個粉絲專頁的運作，雖然其中有些貼文看起來比較屬於直接訴求商品銷售，但不時也有佳作。

好比2016年8月9日的這一則貼文[4]，就巧妙地結合了時事和家庭生活，再搭配一些實景照片，讓人對宜蘭的蘭城晶英酒店產生好感：

---

3 請參見：https://goo.gl/sxJfm5

4 請參見：https://goo.gl/gy1nS3

❸ ❹

今年的「付清節」很快樂
假借「幫爸爸慶祝之名」行「玩樂之實」
給大家瞧一瞧我們這次入住的花園雙套房！
蘭城晶英酒店 Silks Place Yilan

接下來，我為大家介紹該如何活用數據來幫文案加分？

首先，請大家看兩段商品文案：

A. 金盞花葉黃素，專利調劑、高濃度黃金比例。

B. 葉黃素高達60mg，內含金盞花、黑醋粟等五大綜合配方。

同樣都是訴求保護視力的葉黃素保健食品，主要成分也同樣是金盞花，但如果單看字面上的解說，你會對哪一款葉黃素比較感興趣呢？

我猜想，大多數的朋友應該會選B產品吧？不是因為A產品不夠好，而是沒有人能理解專利調劑的內容？而「黃金比例」又有什麼特別的意義？再加上B產品指出了每顆膠囊內的葉黃素數量，還具體地提出了五大配方，會讓人產生信服感，並想去了解究竟內含哪五種配方？

從這個例子，不難看出適當引用數據，不但「師出有名」，更可以強化說服力。

又好比如果你要銷售的商品屬於食品類，那麼除了在商品文案上可以多加闡述食品的特色、風味之外，若能再附上商品的得獎記錄或權威機構（如衛福部或SGS等）的檢驗合格報告，就更能取得消費者的

信任了。

　　在這邊，讓我以香港「添好運」餐廳舉例說明，這家創立於2009年3月的香港點心店，於2014年7月底正式進軍臺灣市場，立刻就掀起一陣風潮，瞬間也成為「排隊名店」。時至今日，不時仍可在他們餐廳門口看到長長的人龍。

　　「添好運」餐廳的文案很簡單——**全世界最親民的米其林餐廳「添好運」，2010年至2016年連續7年獲得米其林一星肯定**。

　　光是衝著「全世界最便宜的米其林餐廳」的封號，相信就有許多饕客為之瘋狂，更何況是連續七年都獲得米其林的肯定，這可不是一件簡單的事！

　　順帶一提，「添好運」餐廳的品牌故事[5]也寫得相當好，不但完整地介紹了他們店內的「四大天王」：酥皮焗叉燒包、香煎蘿蔔糕、香滑馬來糕與黃沙豬潤腸，更提到港式點心店對於「即叫即蒸」的烹飪堅持，讓人看了忍不住食指大動。

---

5 請參見：https://goo.gl/yrdDjZ　❺

⟩ 找出商品的最大魅力

預測未來最好的方法，就是創造出未來！

——美國管理學大師 彼得‧杜拉克

在過往所舉辦的文案課中，我常發現有不少學生苦思半天，卻寫不出動人的文案。探究背後的原因，很多人之所以對於撰寫商品文案感到一籌莫展，其實主因是缺乏對於「**產品概念**」的了解。

何謂「產品概念」呢？根據MBA智庫百科的介紹[6]，「產品概念」就是產品賣給消費者的是什麼利益點，即滿足消費者的是什麼需求點。任何產品都有其市場存在的理由，這些理由是因為消費者對該產品的利益存在著一定的需求。

對於文案撰寫者而言，必須要對自家的商品或服務有一定程度的熟悉。如此一來，才會知道這個商品要賣給哪些人？有哪些賣點可以大書特書？又或者有哪些缺點要藏拙、避而不談？最重要的是，我們必須知道目標客群在意什麼？

一如以「破壞式創新理論」享譽國際的美國哈佛大學商學院教授克里斯汀生（Clayton M. Christensen）所提及，行銷的起點就是要設法找出隱匿於消費者心中的需求。而**文案撰寫者的使命，就是要設法撩撥目**

---

6 請參見：https://goo.gl/ePR8hj **❻**

標客群的好奇心與欲望。

如何找出產品的最大利益，請謹記要從消費者的角度思考，不要一個勁兒地講自己所在意的特色，而是要詳實地列出目標受眾平時所關注的問題，並且設法說明自家商品的哪些特色，可以怎麼解決這些困擾已久的問題。當然，別忘記了「利益承諾」的部份，要簡單而具體地告訴大眾，我們的商品或服務可以為消費者提供哪些好處？

如果從「產品概念」的角度切入，我們就必須要用消費者所熟悉的語言來描述自家的商品或服務，換句話說，要能用淺顯易懂的圖文來描述足以彰顯商品的優勢、利益。

簡單來說，我們可以把產品分為三種層次，分別是「**核心產品**」、「**形式產品**」和「**延伸產品**」。所謂的「核心產品」，意即產品可以為消費者所提供的基本功能；而「形式產品」，則是針對核心產品所展示的外部特徵；至於「延伸產品」，則可視為消費者因購買商品所得到的利益與附加價值。

如果你對想要進行行銷宣傳的商品沒有太多的印象，或是一時感到詞窮，我建議不妨從這三點開始著手：

首先，設法讓自家的商品成為核心商品。在正式開始寫文案之前，您可以取一疊便利貼來，盡可能地寫下和這個商品相關的關鍵字。如果我們以筆記型電腦的銷售為例，就可以寫下諸如：輕薄、省電、SSD、無噪音、可擴充記憶體與超快速處理器等，然後把這些便利貼在牆上，再逐一進行檢視，便可慢慢進行收斂，找到該項商品的真正核心。

其次，可以從形式產品的角度來摘取重點特徵。我們同樣以筆記型電腦來舉例，這時便可多凸顯自家商品在款式、質量、品牌與包裝上

的差異，像是：10小時電池續航力、快速802.11ac Wi-Fi、重量僅1.2公斤的高效電腦以及搭載Intel® Core™ M處理器等。

　　談完功能、優勢之後，當然還可以進一步訴求提供給顧客獨一無二的利益或看不見的價值。就好像有人會覺得使用蘋果公司出品的筆記型電腦，彷彿整個人都變得具有時尚感，這也是所謂「品牌溢價」所帶來的附加價值體現。

　　此外，像華碩電腦為廣大使用者所設計的「MyASUS App」，已經累積超過數十萬好評下載，主要訴求客服即時通線上聊，免打電話、免出門，為使用者省下超過50%的溝通時間。在產品概念的分類中，這便屬於延伸產品的範疇，也讓人們更重視其附加的價值與服務。

獨特銷售主張，
比拚的不只是說故事的能力，
更在於價值、情感層面的彙總。

慢讀秒懂數位好文案

6

如何
說一個好故事

放眼中外，
成功的故事必然會提供一個承諾。
就像行銷大師賽斯·高汀所言，
一個厲害的說故事好手，
要能幫讀者實現他的世界觀。

感動力：用故事拉攏顧客與你同一國

若想得到你從未擁有的東西，你得願意做你從未做過的事。

——美國第三任總統 湯瑪斯・傑佛遜（Thomas Jefferson）

故事行銷的時代來臨了，很多品牌的行銷手法也不斷推陳出新，甚至是從說故事（Storytelling）開始的。不信嗎？其實，我們的生活周遭到處充滿類似的案例。事實證明，由真人實事所改編的故事，不但是表達知識和經驗的傳統方法，往往也最容易吸引社會大眾最有興趣聽的。

好比美國正夯的電動車特斯拉公司（Tesla Motors），他們不像其他汽車公司拚命在媒體上大打廣告，反而自詡為充滿矽谷精神的網路公司。好比該公司副總裁雷卡多・瑞耶斯（Ricardo Reyes）就曾自信滿滿地說，「我們是一家顛覆傳統的車廠。」

一如賈伯斯之於蘋果公司的重要性，出生於南非的創辦人伊隆・馬斯克（Elon Musk）無疑就是特斯拉公司的靈魂人物。相較於介紹特斯拉Model S車款的功能、特性，特斯拉的公關人員更津津樂道有關伊隆・馬斯克的創業故事，希望透過名人熠熠發亮的光環，來建立消費大眾對於特斯拉電動車的好感。

再舉一個例子，全世界有近一百六十個國家的人，每天要喝下超過兩億瓶的可口可樂。大家對這瓶從小喝到大的黑色飲料並不陌生，您是否也曾聽過有關可口可樂神奇配方的故事呢？

　　這個故事是這樣開始的，很久很久以前，在古早的1886年5月8日，有一個粗心大意的店員不小心把化學家約翰‧彭伯頓（John Pemberton）所調配的健腦藥汁與蘇打水搞混在一起，他原本還擔心受到責罰，孰知卻創造出意料之外的奇特風味，也因為這個緣故，可口可樂便應運而生。

　　這款喝起來略帶刺激性的飲料，立刻受到消費市場的歡迎，創辦人也迅速將配方鎖進銀行的保險箱，從此為這個世界寫下歷久彌新的傳奇。很多人試圖想揭開其神祕面紗而未果，直到2006年發生可口可樂配方遭竊的事件，更讓這個故事被廣為傳頌──與其說人們喜歡可口可樂的風味，倒不如說大家更熱愛那個神奇配方的故事與歡樂的氛圍。

　　由以上兩個案例可知，故事行銷不僅是現今流行的行銷手段，往往更是品牌建構的核心與靈魂。說到特斯拉，大家的腦子就會立刻與先進科技、環保與世界潮流產生聯想；而提起可口可樂，也會不經意地想起神奇配方和歡樂的氛圍。

　　由此可見，說一個好故事有多麼重要！想要讓別人聽從你的建議，自然得先學會說故事。而要打動別人，第一步就是必須先感動自己。建議大家把以往所寫過的商品文案找出來，或是看看在逛街時所收到的傳單，細細讀過一遍之後，試著捫心自問：自己會被上頭的文字所打動嗎？如果不會的話，那該怎麼辦呢？

　　要知道，不是胡亂瞎掰一個故事，顧客就會埋單；若是在文案中濫用溫情訴求（所謂「加入洋蔥」），也未必就能打動人心。

　　《會說才會贏：打動人心，出奇制勝的故事力》[1] 的作者彼得‧古柏

---

1 時報文化‧2011年7月出版

（Peter Guber）從事娛樂事業超過三十年，是《蝙蝠俠》、《雨人》、《紫色姐妹花》和《午夜快車》等賣座電影的製作人。他認為故事要讓人聽得入迷，必須掌握以下六個要訣：

● 快速掌握聽眾的注意力。

● 直接表達自己深信不疑的價值觀。

● 讓聽眾感覺故事和自己切身相關。

● 把被動的聽眾變為主動的參與者。

● 契合情境、展現真心誠意激勵聽眾。

● 傳遞中心思想，喚起聽眾的情感、產生共鳴。

這六個要訣說得剴切，道理也很簡單，不禁讓我聯想起2011年時，由皮克斯動畫工作室的資深劇作家艾瑪‧蔻茲（Emma Coats）所發表的「說故事的22條法則」。這兩者之間，其實也存在著異曲同工之妙。 有興趣的朋友，可以連上艾瑪‧蔻茲的部落格瀏覽全文。逐一檢視這些法則，赫然發現其中就有好幾則和文案撰寫有關，我簡單摘錄給大家參考：

● 可以先構思故事的結局，再回頭考慮過程的發展與鋪陳。

● 讓筆下的角色擁有自我意識，有助於建立中心思想。

● 故事的精髓是什麼？你可以用最簡潔的方式表達嗎？

● 完美的結局總是存在夢想中，你得持續前進、不斷修改，下次可以做得更好。

● 拆解您喜歡的情節、橋段，弄清楚自己究竟喜歡哪些元素？然後，試著將這些東西內化成自己的東西。

● 賦予讀者一個理由，去支持您苦心經營的角色。

整體而言，行銷集客的秘訣，首要之務就是說一個能夠撼動人心的故事。在建立一群忠實粉絲的過程中，同時給予真實的深度體驗，更要讓人們覺得這個故事與自己息息相關，才有辦法建立連結。同時，輔以文字的力量來激勵目標受眾，傳達價值觀與中心思想，進而順利喚起大家的同理心，並產生共鳴。

而這也和美國行銷大師賽斯‧高汀（Seth Godin），在《行銷人是大騙子！》[2] 書中所提到的觀點相互呼應。他認為，倘若行銷人要說一個能夠吸引、打動消費者並對他們具有說服力的故事，那麼就必須述說一個符合消費者的世界觀的故事。

回頭看看您的商品文案，是否有善用文字的力量去渲染、感動人心，甚至拉攏目標受眾了呢？而您的商品或服務本身，又具有怎麼樣的世界觀呢？您有想要改變世界嗎？您是否有努力讓正在閱讀文案的讀者，變成品牌故事之中的某個角色了呢？

最後，讓我們來看看日本的「無印良品」是怎麼說故事的？

株式会社良品計画的社長松井忠三，習慣從生活中觀察事物，進而擴大商品開發的視野。他們公司旗下的一款暢銷商品「直角襪」，便是因為偶然與東歐捷克一位奶奶的相遇而萌發開發靈感。

---

2 商智文化，2005年6月出版

6

如何說一個好故事

現在，在臺灣無印良品的網站上，還可以看到有關直角襪誕生的故事[3]哦！

「露潔娜奶奶」編織的襪子，是直角的形狀。雖然襪子的編法似乎是模仿母親自然記下來的，但足跟的編法據說是露潔娜奶奶自己想出來的。穿上去後，足跟部分緊密包覆沒有空隙，不易滑脫，穿起來非常的舒適。

考慮到追求穿著的舒適感的人，讓穿著者感到十分喜悅的襪子——希望能讓更多人輕鬆體驗到到露潔娜奶奶所編織的直角襪所帶來的舒適感。因為那樣的想法，開始了至今誰也沒嘗試過的挑戰，以機械編織出彷若親手編織成的直角襪。

瞧，無印良品不但鉅細靡遺地跟大家介紹了這個傳奇故事，還煞有其事地邀請位在捷克的奶奶前來日本實際編織襪子給大家看。故事看到這裡，是否已經激發了你的好奇心呢？是不是迫不及待想要買一雙直角襪來穿穿呢？

放眼中外，成功的故事必然會提供一個承諾。就像行銷大師賽斯·高汀所言，一個厲害的說故事好手，要能幫讀者實現他的世界觀。當你有機會穿上這雙舒適的直角襪，除了感受到一絲溫暖，想必也會在心中的一隅，浮現對於捷克這個遙遠國度的幾許揣想吧！

嗯，是的，這就是故事行銷的力量。

---

3 請參見：https://www.muji.com/hk/socks/

⟩ 巧妙設計你的故事

只有那些不曾行動的人，才不會犯錯。

——出生於波蘭的英國小說家 約瑟夫・康拉德（Joseph Conrad）

　　人是感情的動物，很多時候也容易真情流露。如果在行銷、宣傳的過程中，只是一味推銷冷冰冰的功能、規格等資料給人們，我想成效一定不會太好！要知道，一個好故事之所以能夠引人入勝，主要也是因為它可以驅動情感，讓人留下深刻的印象。

　　著有《為什麼會說故事的人，賺的比較多？：說故事的能力，決定你是否擁有百萬年薪》[4] 一書的日本作家川上徹也就曾指出，說故事的能力，是區分高手和普通人的終極商業技術。

　　他很明確的表示，如果想要展現自家商品的特質，跟競爭對手拉開差距，請一定要練就「說故事」這個必備的絕技！換言之，只要您懂得說故事的技巧，自然也會對商品銷售有所助益。

　　無獨有偶，美國行銷大師賽斯・高汀更在2004年所出版的暢銷書《紫牛》一書中，也曾經很直白地提到：企業若想要成功，就必須讓產品自己說故事。

　　如今，大家都明瞭說故事的好處了，想必也曾試著運用一些方式

---

4 如果出版，2013年6月出版

來說故事，但成效好嗎？就過往的經驗來看，我曾讀過很多公司的品牌故事，或是瀏覽各家業者幫商品所寫下的故事，卻赫然發現大多數的故事都顯得平凡無奇，或是缺乏真實感。甚至，幾年前還曾發生過中部某廠商自行捏造故事，結果反而被厲害的消費者踢爆的新聞，真是得不償失。

所以，該如何讓平凡無奇的故事增添趣味，或是要怎樣提昇說服力呢？接下來，我將為大家介紹可以幫故事添加佐料的幾個方法。

嗯，您喜歡吃洋蔥嗎？洋蔥是日常生活中常見的蔬菜，也具有很高的營養價值，甚至內含有效的抗癌酶，被外界認為有殺菌和預防癌症的效用。說到這個許多料理都會添加的食材，吃起來有點甘甜，有時也會帶點辛辣。其實，我們在說故事的時候，也可以運用「剝洋蔥」的手法哦！

在說故事的時候，您可以簡單扼要地說完故事的重點，也可以像剝開洋蔥一樣，一層又一層地開始解說情節，當大家聚精會神地聆聽時，再逐漸推進到故事的核心。

這種不斷迭代的手法，主要是要讓讀者在閱讀文案的時候，隱約感覺到有某些元素重複出現（形成暗示的心理作用），卻又不時有讓人意料不到的驚喜之處。如此一來，便會提昇目標受眾的興趣，也會觸發大家的好奇心。

當洋蔥快要剝完了，故事也剛好進入最高潮的部份。如果您懂得如何剝洋蔥的話，相信也一定能夠掌握說故事的訣竅——在最關鍵的地方，讓人掉下感動的淚水。

在這邊舉一個例子，相信您聽了就能理解。就在2015年的母親節前後，臺灣麥當勞在他們的Facebook粉絲專頁上推出一支〈媽媽和麥

當勞一起進行的秘密計畫〉[5]的影片，引起了廣大的共鳴，截至2017年3月下旬，這段影片的觀看次數已經累積超過812萬次，也有高達十餘萬次的分享，行銷成效可說是相當好。

這段影片的內容，主要是述說麥當勞公司安排某些員工的媽媽前來探班，給這些因值班而無法返鄉過母親節的員工一個秘密的驚喜。透過鏡頭語言的捕捉，不斷地鋪陳親子之間濃郁的情感。當這群員工一看到自己的媽媽，無不哭成淚人兒，也點出了麥當勞的品牌形象。

檢視這段影片，不得不佩服麥當勞善用了親情這個人們共通的感動點，的確說了一個好故事！如果影片一開始，就歌頌母親的偉大或是闡述麥當勞的企業形象，那麼就落入了俗套，網友大概也不會有興趣繼續觀看。適時賣個關子，並用逐漸加溫的方式來講述員工之於工作與親情的關係，才能引人入勝。

除了上述的「剝洋蔥」妙法外，我還要跟大家分享一個把故事、文案視覺化的方法。

這是作家德魯‧艾瑞克‧惠特曼（Drew Eric Whitman），在《懂顧客心思的文案最好賣：大師教你先懂人心、再賣東西的文案吸金術》書中所介紹的一種銷售技巧。所謂的PVA（Powerful Visual Adjectives）銷售技巧，其實是一種極富感染力的視覺形容詞。換言之，只要我們能夠善用這個銷售技巧，便可提昇商品文案的感染力。

德魯‧艾瑞克‧惠特曼表示，與其講「大把賺錢」，倒不如直接向讀者展現具體的數字，例如「每周大賺2750美元」。以作者所舉的這

---

5 請參見：https://goo.gl/dzUbdG

個例子來看，便可理解倘若我們的論點能夠明確地「視覺化」，就更可以讓人感受到箇中的利益或好處。

在我看來，善用PVA的意思，其實就是**透過數據、專家證言或口碑等有力資訊的幫助，協助把原本比較平舖直敘的文案變得更視覺化或更為立體**。如此一來，便能讓目標受眾心領神會，一看就能理解背後的意義。

說到視覺化，忍不住又會想起電影來。您還記得我們之前提過的皮克斯動畫工作室「說故事的22條法則」嗎？

在艾瑪・蔻茲（Emma Coats）所發表的22條法則之中，有一條公式是我們可茲運用的：

> Once upon a time there was _____. Every day, _____. One day _____. Because of that, _____. Because of that, _____. Until finally _____.

如果我們把它翻譯成中文，就是：

> 很久很久以前 ....。每一天，.......。有一天，.......。因為那樣，.......。因為那樣，.......。到了最後，.......。

您會赫然發現，很多電影都可以套用這個標準公式，甚至連賈伯斯重返榮耀的「王子復仇記」，也可以沿用這個公式來解說哦！

「*很久很久以前*，在美國矽谷有一家叫做蘋果電腦的公司。*每一天，*他們的創辦人賈伯斯都在絞盡腦汁開發新產品。*有一天*，他說服了百事可樂總裁約翰‧史考利，別再繼續賣糖水了，和他一起來改變世界。*因為那樣*，約翰‧史考利加入了蘋果電腦，卻也發現在賈伯斯領軍之下的業績很差勁。*因為那樣*，蘋果電腦的董事會一致決定開除他。但賈伯斯並未被擊倒，反而更積極開發新的電腦作業系統。*到了最後*，雖然還是有人反對，但形勢比人強，賈伯斯滿懷鬥志地重返他一手創立的公司，經過一番勵精圖治，也為蘋果電腦開啟了嶄新的紀元。」

　　嗯，您有看懂了這個故事的框架嗎？這個寫作公式的玄妙之處，就在於它有一個引人入勝的開頭，藉由時間元素的帶入來製造懸疑性，然後再按照「起、承、轉、合」的邏輯開始說故事，最後劇情急轉直下，讓人對這個故事留下深刻的印象。

　　嗯，現在您是否也可以「依樣畫葫蘆」，按照這個公式來寫一個故事呢？動手試試看吧！

⌥ 幫顧客找出問題與形塑渴望

若想得到你從未擁有的東西，你得願意做你從未做過的事。

——全球第一位獨自飛越大西洋的女飛行員

愛蜜莉亞・厄爾哈特（Amelia Earhart）

　　如果您曾經看過一些真正厲害的文案撰寫者，就會發現他們並不會花費太多篇幅大吹大擂自家商品或服務；反而會站在顧客的角度，幫助他們找出問題、排除困難，甚至建立需求。

　　一如行銷大師賽斯・高汀所言，消費者買的往往是欲望，而非真正需要的物品。**他們之所以買故事的帳，而不在乎事實真相，是因為事實通常無關緊要**。最重要的是——消費者相信什麼？而業者，又該如何幫助顧客做選擇？

　　相信大家已經可以認知，真正讓人願意口耳相傳的，並非商品的特點和功能，而是感動人心的故事！就像很多人買 iPhone 和 MacBook Air，並不是為了趕時髦，而只是單純喜歡蘋果的品味和風格，還有便捷的使用體驗。

　　曾經擔任《Shopping Design》總編輯的資深編輯人黃威融，在〈無印良品從產品功能上解決生活問題，跟消費者的生活形態產生對應〉[6]

---

6 請參見：https://goo.gl/wLYBL5

一文中指出,每個東西其實都可以對應到消費者實際生活的問題。

黃威融提到,無印良品已經做了三十年、推出那麼多產品,但它永遠都在想「我到底還可以做什麼?」,讓消費者信任無印良品正在改善他的生活。

無印良品的成功自然絕非僥倖,為何大家這麼喜歡這家公司所生產的商品呢?在《無印良品的設計》[7]這本書中,便曾提到無印良品致力於提供讓人能自信說出「這樣就好」的產品,以及「好感生活」所需的物品。

在良品生活研究所[8]這個部門,會透過網路和顧客進行雙向交流。每一年,旗下的IDEA PARK網站[9]大約會收到八千件顧客投書,無印良品的客服部則會收到約三萬四千件顧客意見,而在店頭的工作人員,也可收到約六千五百張的顧客意見表。

無論是對門市的建議、期望或新產品提案,都相當受到無印良品總部的重視,甚至有時社長也會直接指示,要確實針對某個期望做出回應。

在無印良品的官方網站上,可以讀到這段文字:「**我們以創造出更多良品為目標,而設立了良品生活研究所。希望能藉大家的共同發想,檢視稱之為良品的理由,向好感生活邁進。**」

無印良品的文案,並沒有太過強調他們的商品技術,也沒有濫用文字的力量去渲染,反而讓人從字裡行間可以感受到這家日本企業永續經營的用心與細膩之處。

---

7 天下文化,2015年10月出版

8 請參見:http://lab.muji.tw/

9 請參見:http://lab.muji.tw/Items

衡諸無印良品的做法，的確做到了幫顧客找到問題，並設法協助排除令人感到困擾的事情，也難怪這麼多年下來，大家還是對無印良品如此情有獨鍾了。

前陣子，我看到一個冷氣機清潔殺菌服務的廣告，打著「讓您享受健康好空氣」的訴求，同樣也讓人留下深刻的印象。

不同於傳統廣告只是強調特性、功能或價格的做法，「中保空調潔菌＋」告訴大家為何要清潔冷氣機？[10]這是因為經年累月使用的冷氣機內藏許多看不見的細黴菌、塵蟎、毛屑及灰塵，在潮濕悶熱的環境下，成為孳生過敏源的溫床，同時也可能讓冷氣也越吹越不冷！

夏天是重度使用冷氣機的季節，也是清潔冷氣機的關鍵時刻。所以，中保的廣告一開始就點出為何要清潔冷氣機的問題，也讓消費大眾意識到並非沖洗濾網就可以搞定，而需要借助專業人士的服務才能徹底清洗。

在廣告CF中，可以看到「中保空調潔菌＋」的服務人員在開始清洗冷氣機之前，做了像是架設集水罩等事前準備，以確保清洗過程滴水不漏，不但讓人感受到他們的細心之處，也在無形中增加了許多的好感。雖然也不可免俗地在影片之中比較清洗前後的微生物含量差別，同時也提到了一些專業術語，但把這些橋段安排在後段部分，也讓人比較不會心生排斥。

讓我們再來看一個例子吧！說到GoPro這款便於隨身攜帶的攝影機，大家很容易就把它和滑雪、登山、衝浪或跳傘等戶外運動聯想在

---

10 請參見：https://goo.gl/AgX8bQ

一塊兒。雖然GoPro很強調冒險精神，很能激發顧客對於記錄精采人生的渴望，但他們也很擅長說故事，特別是表達出人性溫暖的一面。

在全球知名的影音網站YouTube上，可以找到一段使用GoPro所拍攝的影片[11]。這段名為〈消防隊員拯救小貓〉（Fireman Saves Kitten）的影片，至今觀看的次數高達4028萬，顯見其受歡迎的程度。

憑藉著消防隊員身上的GoPro，如實地記錄了某位消防隊員在火場中救出一隻奄奄一息的小貓的真實故事。看到這個英勇的打火英雄給小貓套上氧氣罩，又用濕毛巾幫小貓擦拭身體，無需太多的言語便傳達了人道精神。直到影片最後，才緩緩出現GoPro的商品圖片、標誌與「Be a Hero」的標語。

看完這段影片，我們不但會油然而生對於打火英雄的敬意，以及對倖存小貓的憐愛，自然也能激發大家使用GoPro的動機和渴望。

說故事，自然也屬於內容行銷的一環。喬‧普立茲（Joe Pulizzi）和努特‧巴瑞特（Newt Barrett）在《內容行銷塞爆你的購物車：數位時代吸金法則》[12]書中提到，內容行銷是準確了解顧客需要知道什麼，再以吸引人的方法傳遞給他們的藝術。

整體而言，用故事來傳遞願景、使命，再用情感來吸引顧客，不但可以讓人留下深刻的印象，更能有效建立利益與價值的連結。

話說回來，想要做好內容行銷，勢必先從滿足顧客的需求開始，若能協助解決問題，未來才有機會讓他們願意埋單。

讀到這裡，您知道該在故事之中嵌入哪些元素了嗎？

---

11 請參見：https://goo.gl/MswQB5

12 麥格羅‧希爾，2009年10月出版

⟩ 善用場景連結商品與顧客

我們都有自己要追求的人生，自己要編織的夢想，我們都有能力實現願望，只要我們持續相信。

——美國小說家，著名小說《小婦人》作者
露意莎・梅・艾柯特（*Louisa May Alcott*）

　　嗯，您還記得2014年曾紅極一時的「冰桶挑戰」（Ice Bucket Challenge）嗎？那年夏天，到處可以在社群媒體上看到一群人接力挑戰，玩得不亦樂乎！不只是網路圈的朋友玩得興高采烈，甚至就連許多社經地位崇高的社會賢達，也主動加入了戰局。

　　很多人開始對於「冰桶挑戰」感到好奇，甚至探討這個事件何以會掀起全球的熱潮？其實，成功關鍵真的很簡單，主要就在於將主事者將情感與公益事件綁綁做連結；再加上挑戰活動的遊戲規則很簡單，又富有樂趣，讓人們願意為這個活動背書，甚至不惜嚐嚐被冰水淋身的滋味。

　　從「冰桶挑戰」的病毒式傳播，您是否有得到什麼啟示呢？如果我們可以善用連結的力量，不但能夠讓人宛若置身於故事之中，有一種親身經驗的感覺，更能夠有效幫助商品或服務的行銷、宣傳。

　　想要拉攏顧客和您同一國，有時動之以情還不夠，也不能只說之以理，更不是一味給予利益就可以辦到。雖然我們已經知道了說故事的力量，但背後還是有許多的「眉角」唷！

故事行銷的起點，必須要從人的欲望和情感層面出發。儘管每一個故事都有不同的開場，情節和橋段的安排也都不盡相同，但仔細歸納起來，還是可以整理出七個元素，包括：**主題、角色、場景、情節、氣氛、觀點與對話**。我們可以把這七個元素列成一張檢核表，隨時放在案頭上。當你開始練習用文字來說故事的時候，不妨檢查一下是否有漏掉什麼東西？

在這七個元素之中，我想特別跟大家提一下場景。顧名思義，**場景就是指故事發生的時間、地點和情境。而建立場景的目的，其實就是便於連結商品與顧客，幫兩者搭建橋樑，使其自然產生關係。**

關於場景的建立，可以舉一個例子來說明。好比以前如果談到北投公園，大家可能只會想到這是一座設有露天溫泉的公園，也是繼圓山公園和臺北公園之後，臺北市所成立的第三座公園。但如今一提到它，可能很多遊戲玩家就會雙眼發亮——因為北投公園曾有許多的「水箭龜」和「快龍」出沒其間，儼然已經成為「精靈寶可夢遊戲」的熱門抓寶地點。

精靈寶可夢可能有退燒的一天，但我相信未來當大家提到北投公園的時候，一定還是會有人津津樂道2016年的那段傳奇吧！

著有《場景革命：重構人與商業的連接》[13]一書的中國作者吳聲曾指出，**未來的生活圖譜將由場景定義，未來的商業生態也由場景搭建。**由此，也可看出場景的重要性。

舉例來說，如果現在要您幫一家汽車租賃公司設計廣告文案，您

---

13 中國大陸機械工業出版，2015年7月出版

會從哪裡著手構思呢？是訴求租車的便利性，還是凸顯高服務和低價格的巨大差異呢？如果我們能夠運用說故事的技巧，除了可以搭上「共享經濟」的話題，更可從租車能夠省事和增添生活樂趣等層面切入。

除了訴求不必花費時間和精力養車等優點之外，其實也不妨從開車時常出現的場景來思考：先想想，到底會有哪些人或需求要租車呢？我們可以事先針對那些想要嘗鮮、開不一樣的車的雅痞人士，或是全家開心出遊、享受旅遊樂趣的族群進行區隔和定位，再來擬定不同的行銷策略。

懂得結合時事，再搭配場景的運用，往往就會形成一個有力的鉤子，有利於吸引消費者上鉤。而無論是圖文並茂的資訊，或是帶有情感的事物，都是有助於創造場景的媒介。

像是我曾看到一則「慶城街1號」饗樂美食廣場所推出的網路廣告，上頭主動提及「訓練師請注意，本商場有罕見大蔥鴨出沒駐足」，明眼人一看就知道這是怎麼一回事？說穿了，無非就是希望吸引玩家前來抓寶。值得激賞的是他們的文案也寫得很簡潔、到位，「來抓寶，順便吃飽飽」，不但押韻還很好記呢！

他們更在官方網站上大肆宣傳，只要消費者在某個日期前秀出在慶城街1號任何捕捉到的神奇寶貝照片，即可享有美食街指定專櫃消費優惠9折起的優惠。

慶城街1號的網路廣告

　　這個廣告文案的推出，來得相當及時。不但搭上了精靈寶可夢熱潮的便車，也有效地把自家的商場變成精靈寶可夢的抓寶聖地，真的非常聰明。正所謂「人潮就是錢潮」，把商品和消費者進行連結之後，自然也就有源源不絕的商機湧入囉！

　　故事行銷首重體驗，唯有讓人可以感動，並且樂於分享，才有機會品嚐到成功的果實。

如果您曾經看過一些真正厲害的文案撰寫者，
就會發現他們並不會花費太多篇幅大吹大擂自家商品或服務。

7

社群媒體的
簡要經營法則

從文案撰寫出發，
我們不但要注意內容的形式、體裁和屬性，
更要關注內容營運與行銷策略的整體規畫。
經營社群媒體，
不是隨便成立一個粉絲專頁或在Blogger、痞客邦開個部落格就可搞定，
社群行銷的重點更不只是粉絲數量而已。

從文案寫作到社群行銷操作

最具威力的行銷手法，是把大眾與媒體一起拖下水；一傳十、十傳百，才能讓你的品牌與產品訊息傳遍全世界。

——口碑行銷專家、《三張嘴傳遍全世界——口碑行銷威力大》作者
馬克‧休斯（Mark Hughes）

　　根據美國市調公司尼爾森（Nielsen）的研究，美國人每天有近四分之一的時間在使用社群網站上，顯見社群媒體與人們的關係有多麼密切。

　　而在臺灣，大眾使用社群媒體的情況也非常普遍。根據資策會產業情報研究所早在2014年6月所發布的「網路社群使用現況分析」報告[1]，發現有高達96.2%的臺灣網友近期曾使用「社交網站」。進一步調查網路社群的使用行為，可以發現網友最常利用網路社群「與親友聯繫（82.8%）」，其次為「追蹤喜歡的網友、部落客（46.4%）、追蹤特定的主題性粉絲專頁（35.1%）、追蹤喜歡的品牌（33.1%）與追蹤有興趣的名人（28.4%），顯示維繫社交關係是臺灣網友首要使用的目的。

　　另外，根據Facebook委託TNS公司進行的調查[2]顯示，Facebook是臺灣人發現新事物的地方，而國人也樂於在Facebook上購買產品並分

---

1 請參見：https://goo.gl/tJtRkW

2 引述自：https://goo.gl/cNrASW

❶

❷

享他們的購物經驗 。另外，2016年7月14日在美國紐約與日本東京股票上市的LINE公司，在臺灣也擁有相當高的佔有率，LINE這款行動通訊軟體的用戶數在2015年就已超過1700萬人次，高居全球第三，僅次於日本與泰國。

眾所周知，「社群行銷」就是透過社群媒體或數位工具的協助，讓企業得以傳達給目標受眾或潛在消費者知曉的重要訊息。更關鍵的是要讓消費者能夠在收到訊息之後，進一步轉換為具體的行動。

我們在前面的章節，談到許多有關文案寫作的技巧，相信各位對於如何構建一篇文案，不但有了長足的認識與了解，現在應該也胸有成竹吧！

大家除了可以在各種平面、電子媒體或廣告上頭看到文案的蹤影，也能從許多社群網站上讀到各式各樣精采的內容。而談到「社群行銷」，一般人可能會立刻想起就是透過Facebook或LINE來傳遞商品、服務的資訊，但其實社群平臺的範疇甚廣，無論是早期文字介面為主的BBS，或是Web2.0時代所盛行的部落格、討論區與影音頻道等，都可算是社群媒體中的一員。

而每一種社群媒介所採用的內容形式與經營重點，往往也有巧妙不同，所以我們必須針對媒體屬性與目標客群的特性進行分析，進而擬定適用的行銷策略。

現代的消費者愈來愈聰明，不再只是單向吸收資訊，上網時也不會僅聚焦於各家商品、服務的廣告訊息，而是開始關注能夠足以讓他們的需求被滿足的品牌或解決方案。故而，唯有重視「使用者體驗」的企業，才能順利啟動社群時代的數位行銷，並讓眾人嘔心瀝血所產製出的文案，更具有渲染的效果與力道。

透過前述數據的解讀，我們可以意會到伴隨社群媒體的崛起，全球正刮起一陣「粉絲經濟」的風潮——好比對岸媒體人羅振宇透過微信上的「羅輯思維」公眾號，一口氣在中國賣出四萬盒月餅、日本的少女偶像團體AKB48，推出七張唱片的總銷量累積超過三千萬張。

「**粉絲經濟**」正夯，綜觀其運作模式，不難發現係以消費者為主角，而主要的行銷策略與訴求，更是由社會層面與情感面出發。而與粉絲互動的重點首在真誠與持續，社群經營者切記不能僅追求一時的流量，而忽略了其他的細節。

換言之，也唯有用心理解粉絲們的真正需求，並且懂得「換位思考」，再透過圖文、影音等優質內容的加持，方能談得上「社群經營」，進而邁向成功。

而談到社群媒體的經營策略，我認為應該特別注意以下幾點，像是：製作高品質內容、確保高開放性、提昇參與度、專注於特定利基以及擁抱獨特文化。

想要把社群媒體經營得有聲有色，首要之務當然還是要有好的內容打底，唯有重視發文品質，才能持續吸引網友的眼球。而社群媒體的開放性和參與度，也是社群經營的關鍵，更應該被經營團隊所重視，而這也會比單純計較粉絲數量更來得重要。

此外，為了凸顯自家社群的特色，我們也可考慮鎖定特定族群或利基，進而建立獨特的風格與文化——就像談到筆電、相機等3C產品時，我們會立刻想到人氣鼎盛的Mobile01論壇[3]，而如果聊起電玩、電

---

3 請參見：http://www.mobile01.com/

競的話題，就會聯想到巴哈姆特電玩資訊站[4]。

　　誠然，想要做好「社群行銷」，我們需要注意很多的細節，而一個成功的社群經營者，更應該做一個好的聆聽者，並具有喜愛分享、真誠不做作、樂於回應、有耐性、擅於運用簡潔有力的文字與掌握新聞動態等人格特質。

　　正所謂「羅馬不是一天造成的」，「社群行銷」的操作很難速成，往往需要投入更多心力與資源，並經過一段時間的耕耘，方能收到成效。

　　接下來，我將分別為大家介紹有關官網、部落格和Facebook粉絲專頁等不同類型的媒體的經營策略。

---

4 請參見：http://www.gamer.com.tw/

⟩ 官網的好範例

你如何看待一個問題，比這個問題本身更重要。所以，請常保正向思考。
——美國知名勵志作家 諾曼・文生・皮爾（Norman Vincent Peale）

早期談到官網，大家總會被那個「官」字所束縛，以為只是一些冷冰冰的政府公部門或企業網站，上面充斥著一堆嚴肅、八股或無聊的資訊，也常帶給人一種死氣沈沈的刻板印象。

其實，官網是官方網站（Official Website）[5]的意思，也是一些機關、企業或團體，為了呈現其創辦宗旨與經營理念所成立的一種網站。根據互動百科的介紹，官網通常具有權威、公開與特定用途等特性，不但是最及時的訊息傳播途徑，更是品牌形象的第一站。

我們以統一星巴克的官方網站[6]為例，在上頭除了可以看到當季主打的咖啡飲品與相關商品外，也能夠快速掌握到星巴克的企業資訊、夥伴招募等訊息，更可以看到他們的社群經營策略以及對顧客的具體關懷。而善盡企業責任與建立品牌形象，也是星巴克近來所重視的公共議題。

再舉個例子，創立於1978年的家得寶公司，是全球最大的家具建

---

5 請參見：https://goo.gl/4SOicT
6 請參見：https://goo.gl/3od1BN

材零售商。他們在自家的官方網站上，不但陳列了豐富的家居用品資訊，同時也為各種居家修繕的主題提供詳盡的教學文章和影片，好比：安裝燈飾教學、如何把梯子斜倚在牆上比較安全以及節省室內空間的解決方案等。

　　透過多元而分眾的主題內容，不但容易吸引潛在顧客花比較多的時間駐足觀看，也更能讓目標客群對家得寶的品牌建立信任感。

　　再看看1911年創立於美國的IBM公司，是全球首屈一指的資訊技術與業務解決方案提供者。IBM公司的英文版官方網站[7]設計簡單大方，營造出一種讓人安心的專業感，上頭也提供非常多的資訊，更透過真實的個案研究，讓來自世界各地的企業客戶們相信IBM所提供的資訊，恰好是他們所真正需要的。

　　換言之，歷史悠久的IBM公司不只賣電腦軟、硬體，如今更走在時代的尖端。他們不吝於在官網上提供豐富的資訊，也積極為來自不同國度與產業類別的企業，挑選適合其發展的技術與解決方案。這樣做的目的不只為了銷售，更為了建立品牌形象。

　　最後，我們再來看看臺北市政府的官方網站[8]。臺北市政府的官網，似乎沿襲了柯文哲市長主政的簡單、明快風格，在導航欄上可以清楚看到機關網站、公告資訊、市府介紹、市政資訊、發現臺北以及主題服務等單元。這些單元的設計，也符合了一般民眾對政府公部門網站的需求。

---

7 請參見：http://www.ibm.com/us-en/

8 請參見：http://www.gov.taipei/

 ❼

 ❽

　　瀏覽臺北市政府的官網，我們可以發現上頭的文字說明都很簡單、易懂，這也是考量會需要使用市府官網的民眾的需求。此外，在官網下方，另外又以灰色色塊標示出精選服務、宣導專區、資訊公開和聯繫市府等，這些同樣也是市民朋友比較常關注的項目。

　　從以上的幾個不同型態的官網，我們可以理解：目標受眾是否願意時常造訪你的網站，或是購買商品、服務，主要的關鍵並不在於網站美觀與否？而是取決於官網能否精準傳達資訊、品牌與形象，並具體協助客群得到必要的幫助。換言之，服務設計和使用體驗，可說是官網經營的兩大重點。

　　再幫大家整理一下經營官網的重點。

　　首先要確定目標受眾是哪些族群？想想統一星巴克官方網站、臺大醫院網站和臺北市政府網站的使用族群，會有哪些本質上的差異？不同的用戶輪廓和使用特性，會反映在哪些地方？這些網站使用者又需要哪些資訊，或是得到什麼協助呢？

　　其次，**官網所傳遞的訊息，不但反映了經營者的身分、地位，我們也要思考網站的內容（包括文字、影像或圖片等），是否適切地代表了該團體、機關或企業的形象**？如果網站上有不合時宜的內容，也要記得列入改版計畫，儘快針對缺點進行改善，以便在目標受眾的心中建立一致的形象。

　　很多人之所以瀏覽機關、團體或企業的官網，很大一部分的原因就是為了要取得特定的資訊；所以，網站經營者或負責撰寫官網內容、文案的工作人員，要謹記時常問自己：「有沒有理解使用者的需求？」

　　在網站內容的建置上，請盡量避免使用花俏的辭彙或難懂的專業

術語，我們應該定期重新檢視自家的網站，看看有沒有從客戶的角度去思考問題，以及他們需要得到哪些的協助？

我國的「國家發展委員會」曾在2015年4月制定一套「政府網站版型與內容管理規範」，當時便開宗明義提到：「本規範提供中華民國政府各網站視覺呈現、使用者介面和內容管理等相關注意事項，以提升政府網站的可及性、介面親和度、使用者滿意度和服務品質。」

雖然這是國發會針對政府網站所擬定的規範，但我覺得也很適合網站經營者或社群編輯做參考。這分文件，具體提到了使用者的呈現裝置、網頁組成要素、導覽、首頁設計、文字樣式與連結、圖片與多媒體、表單、搜尋、應提供內容、內容呈現格式、內容管理、行動版網站與外語版網站等十三條規範。

如果您是網站經營者，建議先下載這份文件[9]，花點時間把這十三條規範都看過一次，相信會對網站經營有更具體的想法。而如果您主要負責文案撰寫或內容佈建，也可特別針對應提供內容、內容呈現格式與內容管理等章節進行了解，有助於建立官網的內容策略。

⌒ 部落格

我們網站流量成長的致勝關鍵，就是訓練編輯在十五分鐘內為每篇文章擬出二十五個不同的標題，並且逐一測試讀者的喜好反應，最後再挑出最受歡迎的標題。

——美國社交媒體 Upworthy 總編輯 亞當·莫德賽（Adam Mordecai）

　　伴隨社群媒體時代的來臨與行動裝置的普及，以前有不少的網友會針對生活大小事來書寫部落格，而現在這樣的習慣也受到衝擊——很多人開始把生活重心轉移到以 Facebook 為首的社群媒體上，每每造訪一個新景點就立刻打卡；而看到有趣的事物，也會隨手用智慧型手機拍張照片，再丟到 Facebook 或 Instagram（IG）上頭分享給諸親友。

　　這種快速產製內容，並可獲得朋友們按讚的互動方式，正逐漸取代部落格的地位，成為今日社群生活的主流風格。對分享者而言，一來可以營造個人品牌形象，二來也會隱隱產生一種虛榮感或營造出存在感；至於一般的瀏覽者，也只需隨手按個讚做為回應，似乎不用花太多的時間參與互動。

　　不過，Facebook 雖然方便，傳播效果也不錯，但畢竟不是我們的「**主場**」（以往，某些粉絲專頁因觸犯站規而被停權的事情也時有所聞），更無法確保這些內容能夠長期留存，也不容易搜尋。加上部落格也仍有利於搜尋引擎優化（SEO）、方便存檔、留言、訂閱和查詢等具體優點，我並不認為它過氣了。

不管你去痞客邦、Blogger申請一個部落格空間，或是自己嘗試使用開放源碼程式（WordPress、Joomla或Drupal）來架設部落格平臺，都是一個有利於個人、企業或團體與目標受眾進行互動、交流的管道。

架設部落格的難度並不會太高，除了技術層面的考量外，我們要做的就是**規畫部落格的架構、單元，並擬定一套發文的規則與頻率，設法多書寫有意義的內容，並透過圖文、影音的呈現，開啟與目標受眾之間的對話**。

一如《超棒小說這樣寫》[10]這本書的作者詹姆斯．傅瑞（James N. Frey）所言，「你寫得愈多，你就寫得愈好！就像是拉小提琴或彈鋼琴一樣，或任何一種藝術行為都是這樣。在我出版第一本小說之前，我已經寫了超過五百萬字。我有一疊又一疊的手稿，不停重寫、重寫、再重寫。」

接下來，也跟大家分享幾個我常閱讀的部落格。而透過觀摩，我們也可以向這些部落格的經營者偷學幾招！

如果您對餐飲業有興趣（無論是美食饕客，或有志投入餐飲類型創業），那麼一定要看看「就愛開餐廳」[11]。這個部落格是由資廚管理顧問股份有限公司（iCHEF）獨家贊助，本著「想讓開餐廳變一門更好的生意」而成立。我認為，這不但是相關行業人士必看的部落格，也是大家不可錯過的重要情報來源。

「就愛開餐廳」的版面配置很清爽，圖片與文字的搭配也很吸睛，讓人可以很快掌握訴求重點和主要的單元項目。再看看部落格的主要

---

10 雲夢千里文化創意事業有限公司，2013年9月出版

11 請參見：http://blog.ichef.tw/

內容，都是鎖定在開店創業、管理與行銷等面向，讓有志於從事餐飲業的朋友，可以從部落格的諸多文章中快速獲得所需的資訊。

「就愛開餐廳」是由企業所經營、贊助，而由部落客所獨立經營的部落客也非常多，主題更是相當多元，從資訊科技、電腦教學、旅遊、美食、時尚、文創到政治評論、投資理財等應有盡有，大家可以關注自己感興趣的不同類型部落格，或是訂閱他們的新文章推送服務（RSS）。

我們常有需要搜尋好用的網路資源，以往也有很多熱心的部落客會幫忙整理各種使用攻略或秘技。每當我有類似的需求，就會立刻想到由筆者好友Pseric Lin所經營的「免費資源網路社群」[12]，定期上他的部落格去挖寶。

Pseric Lin雖然很年輕，但已經有超過十年的部落格書寫經驗。這些年來，他專注在幫大家蒐集各種方便、好用的免費資源，不但建立他在這個領域的專業形象，更因為時常幫人解決問題，也累積了豐富的閱歷和人脈。書寫部落格，誠然需要有熱情，而經過書寫所產生的有形和無形資產，也都是部落格寫作過程中不可忽視的附加價值。

接下來要跟大家介紹的「台灣好農部落格」[13]，從部落格的名稱就不難看出這是一個矢志推廣與分享臺灣在地農業與食材的部落格。從網頁上方的導航欄，我們可以很快抓住重點，這個部落格除了提供食材介紹、美味食譜、生活小妙招、節氣養生、產地故事與專欄報導等資訊，還結合了網路商城，讓有興趣的目標客群可以在看完文章的介紹

---

12 請參見：https://free.com.tw/

13 請參見：http://blog.wonderfulfood.com.tw/

內容駭客

之後立刻下單，享受網路購物的便捷服務。

　　「台灣好農部落格」的市場區隔很清楚，主要鎖定婆婆媽媽，或是對農產、食材有興趣的上班族朋友，所以不但刻意放大了字體，也很重視排版和圖片的搭配。為了豐富部落格的題材與內容，「台灣好農部落格」也對外徵求部落格寫手，並提供稿費，表達對於創作者的尊重。這種做法很值得鼓勵與參考，果然也吸引很多具有創意的讀者前來投稿與分享。

　　最後，再跟大家分享一個部落格「內容駭客」[14]，是我在2017年10

---

14 請參見：https://www.contenthacker.today/

月21日所創立，目前邀集了一些專欄作者、小說作家和企業講師一起來共筆。有鑑於國內缺乏內容行銷、文案寫作領域的專業網站，所以從成立之初即專注內容策略、內容行銷與營運策劃之發展，除了提供顧問諮詢、課程、演講與文案寫作等服務，也不時分享寫作的相關資訊，歡迎有興趣的朋友一起來參與。

很多企業開始著手成立部落格或自媒體時，常有一個困擾，那就不知道該如何產製內容？如果光要靠編制內的社群編輯或員工來供給，可能一時之間很難提昇數量，也不易兼顧品質。這時，除了可以師法「台灣好農部落格」對外徵求稿件的做法，或許也可設定一個主題或方向（例如：文創、科技或美食等），並邀請對相關領域有興趣的朋友一起來耕耘。

好比以「培育全球Startup（新創事業）渴求的人才」為宗旨的ALPHA Camp，他們的部落格[15]就鎖定在創業相關的領域，邀集行業的專家來分享各種在創業的歷程中所需的資訊、知識和技術等。持續經營一段時日之後，這個部落格很自然地就成為創業資訊的重要情報站，也匯聚了一群對創業感興趣的讀者。

而這樣的做法，也有助於ALPHA Camp對外宣傳他們引以為傲的創業育成課程，不只對招生業績有具體的挹注，也得以在華人創業圈中建立該公司的專業形象。

---

15 請參見：https://blog.alphacamp.co/

⟩ Facebook 粉絲專頁

抓住時機並快速進行決策，是現代企業的成功關鍵。
　　——美國史丹佛大學教授 凱瑟琳・艾森哈特（Kathleen M. Eisenhardt）

　　話說，當今全世界最廣為人知的「書」，可能已經不再是聖經、可蘭經等宗教經典，而是人生沒有它就失色許多的Facebook（臉書）。

　　創立於2004年2月4日的Facebook，成立至今已有12年的歷史，不但陪伴全球15億人度過每一天，也是大家工作與生活中不可或缺的社交場域。

　　談到Facebook，許多人自然也關注粉絲專頁（Fans Page）的經營。粉絲專頁的經營指標，從早期大家單純只重視按讚的數目，到現在轉而留意觸及率和分享數，箇中發展也有長足的進步，甚至可用「今非昔比」來形容。

　　Facebook粉絲專頁不但改寫了社群網絡的脈絡，更成為許多企業對外發聲的重要管道，如今也儼然是社群行銷的兵家必爭之地。眾多的社群編輯每天忙著準備題材和想哏，希望用犀利的標題、文案或可愛的圖片、影音來吸引網友，進而透過與粉絲的互動，來推廣企業品牌的形象或宣傳商品、服務。

　　經營粉絲專頁的好處雖顯而易見，但伴隨著商家之間的競爭激烈，以及Facebook公司開始重視營利績效，也促使經營粉絲專頁的成

本愈來愈高。

此外，根據「波仕特線上市調公司」在2015年底針對臺灣1797位13歲以上民眾進行的調查，追蹤一至五個粉絲專頁的人佔半數以上，會關注六至七個粉絲專頁者只占8.5%。這項數據也許無法放諸四海皆準，卻也意味著全球的粉絲專頁數量雖然激增（總數更在2015年12月正式超過五千萬），但一般人比較會主動關注的粉絲專頁也僅有三、五個。

回顧Facebook粉絲專頁的經營歷程，以往商家的經營重點，可能擺在貼文的次數、粉絲數量，後來又開始重視與粉絲的互動以及訊息的轉發次數，而如今觸及率成為大家重視的焦點，但我們赫然發現——要**取得讚數或提高觸及率，除了可借助投放Facebook廣告來擴增受眾基礎，更要有一套完整的社群行銷策略。**

根據統計，有68%的消費者會上社交網站查詢口碑，更有高達93%的網路體驗從搜尋開始，所以對於預算有限的商家，更要懂得善用類似Facebook的社群媒體與內容行銷的方法。

如果我們把內容視為是有用資訊的集合，那麼行銷就是可以創造能滿足目標的交換活動。而這兩者所交會產生的對話，也就激盪出吸引人的行銷方針了。換言之，內容行銷是與顧客溝通但不主動銷售的藝術，它只傳送有用資訊，不刻意推銷產品，而這也和粉絲專頁的特性不謀而合。

接下來，讓我們來看看幾個經營有成的粉絲專頁，也觀摩一下他們如何撰寫文案，以及怎麼跟粉絲互動？

《早安健康》

粉絲數：130萬（本書出版前）

性質：保健類型平面媒體

https://www.facebook.com/Everydayhealth.Taiwan

　　《早安健康》是一本健康領域的雜誌，目前以雙月刊的形態發行，創刊之前便開始經營粉絲專頁，之後又陸續建設自己的官方網站，並投入電子商務的嘗試，開始在網站上販售商品。

　　仔細研究《早安健康》粉絲專頁的特色，可以發現他們很擅於運用內容來進行溝通，甚至以簡單明瞭且帶有可愛風格的圖文，把複雜的醫學或保健原理，拆解到連銀髮族和中小學生也能看得懂和易於消化的內容。舉例來說，針對很多人容易發生的暈眩、膝蓋痛或坐骨神經痛等身體不適的現象，《早安健康》的編輯便事先蒐集資料，並繪製成易於掌握的穴道圖，讓網友看了就可以當場學習操作，進而緩解疼痛。

　　另外，有鑑於影音內容開始受到歡迎，《早安健康》的編輯團隊也開始嘗試錄製影音，並剪輯成長度約一分鐘的教學影片。舉例來說，當天氣變涼的時候，《早安健康》隨即請中醫師傳授自行用電鍋烹調滴雞精的作法，也相當受到歡迎。而等到時序進入夏季，就傳授拉拉耳朵就能改善水腫失眠的小偏方。

　　《早安健康》編輯團隊還有一點值得參考，那就是用親切的口吻與粉絲互動，感覺就像是一個鄰家的姊姊會對自己噓寒問暖一番，讓人感到很溫馨。很多粉絲團的小編躲在螢幕後面，卻也忽略了粉絲專頁同樣需要塑造獨特的個性。

《閱讀人》

粉絲數：151 萬（本書出版前）
性質：閱讀出版

　　在當下這個年頭，想要經營百萬級別的粉絲專頁並不容易，但是由鄭俊德所率領的「閱讀人」團隊卻真的做到了！他們既非大企業，也沒有很多外界的奧援，卻憑著一股對品味書香的熱愛與堅持，一步一腳印達到這個里程碑。

　　綜觀「閱讀人」粉絲專頁，主要就是社群編輯說故事，搭配美麗的圖片來述說一段生活故事。看似平淡，卻留下亙古的韻味，也符合內容行銷法則中所提到「滿足客戶對有用資訊的需求」。

　　搭配粉絲專頁的傳播，便能有效將人潮導引到「閱讀人」的官方網站 [16]，即便粉絲團已有破百萬的粉絲，但對「閱讀人」粉絲專頁的經營團隊來說，「建立主場」也是相當重要的，而這種導流的做法也值得大家參考。

---

16 請參見：http://www.read-life.com/

《毛起來》

粉絲數：23.3萬（本書出版前）
性質：寵物

https://www.facebook.com/MaoUp/

　　可愛的寵物和小孩，大概是網路上最吸睛的生物。根據某項國外統計指出，英國每十隻寵物之中就有一隻擁有Facebook或Twitter帳號，可見牠們的魅力非同小可。打開Facebook，也可發現許多寵物都擁有粉絲專頁，像是國外的「Boo」[17]，粉絲數高達1508萬人。而由志銘與狸貓所經營的「黃阿瑪的後宮生活」[18]，粉絲數高達150萬，或是老牌的「寵物資訊粉絲團」[19]也有89萬名粉絲，這兩者甚至遠比坊間不少的明星、藝人，更具有網路社群的影響力。

　　但我們也赫然發現，寵物社群雖然普遍受到大家的歡迎，但並不是所有以寵物為題材的粉絲專頁，都能經營得有聲有色。其中，由莫奧數位股份有限公司所負責經營的「毛起來」，堪稱是寵物圈的新銳，很快就已經累積了超過23萬名粉絲，可謂來勢洶洶。

　　打開「毛起來」的粉絲專頁，我們可以看到清新、可愛的圖文介紹，讓人有種舒服、放心的感覺，彷彿看到喜愛的狗狗正在跟你搖尾巴。雖有商品介紹，但編輯以讓潛在客群獲取有用資訊的方式來進行推廣，可以降低許多人的戒心。整體而言，「毛起來」的版面相當清爽，再搭配可愛的圖文影音，相信會讓很多喜愛毛小孩的網友紛紛按讚！

---

17 請參見：https://www.facebook.com/Boo

18 請參見：https://www.facebook.com/fumeancats

19 請參見：https://www.facebook.com/Pet.tw/

綜觀以上幾個粉絲專頁，雖然領域各有不同，經營方式也各有巧妙，但不難發現負責經營這些粉絲專頁的社群編輯們，心中都有很清楚的行銷策略藍圖：不僅知道他們的粉絲會對什麼內容感興趣？更清楚要提供哪些資訊才能打動人心？

正所謂「千里之行，始於足下」，想要經營一個有聲有色的社群媒體，並非一蹴可幾，往往需要投入大量時間和心力去打造，才有可能會成功。

從文案撰寫出發，我們不但要注意內容的形式、體裁和屬性，更要關注內容營運與行銷策略的整體規畫。經營社群媒體，不是隨便成立一個粉絲專頁或在 Blogger、痞客邦開個部落格就可搞定，社群行銷的重點更不只是粉絲數量而已。

——第一步便是盤點我們手中的資源（包括人力、物力與廣告預算等），做好市場區隔與鎖定目標客群，然後針對這些特定族群來擬定內容營運方針與行銷策略，並且積極地與這些受眾「交心」。

想要把社群媒體經營得有聲有色，
首要之務當然還是要有好的內容打底，
唯有重視發文品質，才能持續吸引網友的眼球。

8

不同類型的文案
怎麼寫？

整體而言，我認為理想的商品文案，
就是要一肩挑起文意需淺顯易懂，
卻又要讓顧客一眼便可明瞭商品利益與消費訴求的雙重任務。

〉新聞稿

傳播知識，就是播種幸福。

—— *瑞典化學家、炸藥發明者*
阿爾弗雷德・諾貝爾（Alfred Bernhard Nobel）

　　談到文案寫作，除了商品文宣之外，新聞稿應該是大家常見的文件類型。也許您會認為撰寫新聞稿是公關或編輯的工作，但現在已經進入了「全員行銷」的年代，即使撰寫新聞稿不在自己的工作範圍之內，但趁機來了解和學習一下，也是很不錯的。

　　什麼是新聞稿呢？根據維基百科的介紹[1]，新聞稿是由公司、機構、政府或學校等單位發送給傳媒的通訊文件，用以公布有新聞價值的消息。不同單位所撰寫的新聞稿，目的也往往大相逕庭。好比有的稿件是為了公布人事布達，有的則是公布得獎訊息、處理企業危機，當然最常見的是為了宣傳新上市的商品或建立品牌形象等。整體而言，常見的新聞稿可大致區分為商品行銷、企業決策、人事布達、消費資訊、公益活動、危機處理與上市櫃公司財務公告等類型。

　　一般而言，發稿人會希望新聞媒體原稿照登，不過新聞記者有時會因為篇幅或報導方向等考量，而針對新聞稿進行編輯、改寫或把相

---

1 請參見：https://goo.gl/GKpOKt

關主題的新聞稿併稿處理。有時，廣告商亦會付款給媒體或出版商，希望刊登這些稿件以達到宣傳效果。

　　每天，各家媒體的記者都會收到大量新聞稿，但您可曾想過：為何只有某些稿件會被刊登，但大多數的新聞稿都被送進了垃圾桶呢？這個問題很簡單，我們不妨先問問自己：「什麼樣的新聞才會吸引人觀看呢？」

　　這一切必須回歸「新聞價值」（News Values），也就是新聞記者用來判斷事件重要性和新聞性的標準。根據MBA智庫百科整理[2]，新聞價值的構成要素包括：客觀性、新鮮性、重要性、顯著性和趣味性。另外，時效性和地域性也很重要。就好比我們會較為關注最近發生在生活周遭的大小事，但對於距離遙遠的國家、地區所發生的新聞事件，往往就比較冷感或疏於關心。

　　善於詮釋新聞價值的新聞稿，往往就會獲得媒體的青睞。在這邊舉個例子，2016年4月時，瑞典家電品牌「伊萊克斯」（Electrolux）推出「Masterpiece Collection」（大師系列）調理果汁機及手持攪拌棒兩款廚房小家電，邀請入選「全球百大名廚」的江振誠擔任產品代言人。因為搭上這位曾被喻為「印度洋最偉大廚師」的光環，所以當時這則新聞曾被許多主流媒體所報導。

　　而同年7月下旬，《新加坡米其林指南》剛公布評鑑結果，傳出江振誠旗下的新加坡餐廳「Restaurant ANDRÉ」，一舉摘下二星殊榮，而這也是臺灣首位獲得米其林二星肯定的名廚。伊萊克斯立刻抓住這個

---

2 請參見：https://goo.gl/NrWA8y

大好機會，搭上父親節檔期推出代言商品在百貨通路的限定優惠，果然再次吸引各家媒體的大幅報導。

分析這個案例，伊萊克斯就是抓住了時效性（父親節）、顯著性（名廚光環）和新鮮性（臺灣首位獲得米其林殊榮）。

除了要彰顯新聞價值，在撰寫新聞稿的時候，我們也要先確認目標閱聽眾是哪些人？他們在乎什麼事情？唯有針對特定受眾的喜好，並了解媒體的需求，才能揮出一支全壘打。

發佈新聞時，不要只顧著宣傳自家的商品或品牌形象，更要思考這個事件是否對社會大眾有所助益？或是對整體產業、市場有無衝擊？若能再與熱門的時事相互呼應，就會比較容易獲得媒體的青睞。

好比2016年不幸發生桃園遊覽車火燒車事件，引發社會大眾關注，「486先生的粉絲團」便與豪泰客運合作，分享「一分鐘逃生教學2016版」的影片[3]。此舉不但成功登上媒體版面，也喚起大眾對於遊覽車安全的重視。

談到新聞稿的撰寫，「**倒金字塔結構**」是最廣為人知的寫作規則和敘事結構。根據維基百科的介紹[4]，「倒金字塔結構」係指在一篇新聞中，先是把最重要、最新鮮、最吸引人的事實放在導語中，導語中又往往是將最精彩的內容放在最前端；而在新聞主體部分，各段內容也是依照重要性遞減的順序來安排。猶如倒置的金字塔，上面大而重，下面小而輕。

簡單來說，倒金字塔式的寫作原則，和傳統主張「起承轉合」的文

---

3 影片請見：https://goo.gl/C6Vf2S

4 請參見：https://goo.gl/2qcegN

❸ 　❹

章寫作方式的最大不同點，**在於把最重要的訊息寫在前面，然後將各個事實按其重要程度依序寫下去。**

　　換言之，倒金字塔式的寫作方式，一開始便以簡潔的文字點出最重要的資訊，簡單扼要地列出閱聽者所需要知悉的內容或資訊，並記得在結尾帶有行動呼籲（Call to Action）。當然，在文末處別忘了附上公司或組織的簡介與聯絡窗口，以便消費者或目標受眾的洽詢、聯繫。

　　「倒金字塔結構」據傳起源於美國南北戰爭和電報的運用，之所以至今仍被許多報紙、雜誌所採用，固然是有其歷史因素，但也因為「先說重點」的特性，在這個注意力已儼然成為稀有貨幣的年代，讓大家可以快速掌握到重點。故而這種寫作原則，仍有其重要性。

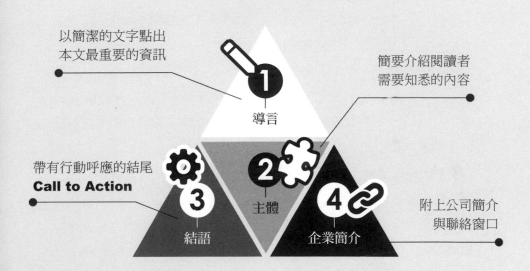

以簡潔的文字點出
本文最重要的資訊

簡要介紹閱讀者
需要知悉的內容

帶有行動呼應的結尾
Call to Action

附上公司簡介
與聯絡窗口

① 導言

② 主體

③ 結語

④ 企業簡介

倒金字塔式寫作

　　新聞稿的寫作元素，一般而言包括了標題、發稿日期與地點、重點摘要、稿件主體（主要內容）、公司簡介與新聞聯繫窗口。在這些元素之中，最重要的關鍵自然非標題莫屬，在短短一行文字中，可以適當引用熱門時事或特定的關鍵字，當然也可把自家品牌或商品名稱置入，再結合一些哏玩些文字遊戲，設法勾起記者的興趣。

　　一篇言之有物的新聞稿，要能回答以下這五個 W：**發生了什麼事**（What）、**誰負責主導這件事**（Who）、**這件事發生在何處**（Where）、**這件事何時發生**（When）以及**這件事為何會發生**（Why）。寫好新聞稿之後，建議先出聲朗讀兩次，確認上下文的脈絡無誤，也可請同事幫忙檢查有無錯別字？如果您對這份新聞稿沒有太多的把握，也可以先把草稿寫好，醞釀幾天之後再重新檢視：一來可避免文意不清、模稜兩可之處，二來也可確認有無需要補充或調整的地方？

　　而在發送給媒體記者的信件中，除了附上文件檔（如 Word、PDF 等格式），建議也可直接把新聞稿內容以純文字的方式貼在信中，以利記者可直接使用。若有相關的商品、活動照片（可先上傳到 Google Drive 或 Dropbox 等雲端空間）或影片（可先上傳到 YouTube 等影音平臺），也請記得一併提供檔案連結，這有助於記者、編輯判斷這則新聞的重要性，當然也可增加內容的豐富性。

　　新聞稿的篇幅不宜過長，一般以一到兩頁為原則，段落要簡短，每段以不超過兩百字為宜。也由於採用「倒金字塔結構」的緣故，建議大家要把第一段文字寫得鏗鏘有力，最好是映入眼簾的第一句話就能撼動人心，直接切入重點。

　　特別要提醒讀者們，如果你在新聞稿上提供照片的話，請記得附上圖說（特別是容易弄錯的人物和產品名稱），不要讓記者再額外花時

間去搜尋。而在公司簡介的部分，除了附上幾行的制式文字介紹和聯絡窗口的資訊外，最好也能一併提供 Logo 圖檔（記得事先去背處理），以利美編人員收到檔案後可直接使用。

　中央通訊社的訊息服務平臺[5]，提供了新聞稿刊登的付費服務，也可協助用戶將公關稿廣泛傳達給國內外的合作媒體，有需要的朋友也可多加利用。

5　請至：https://goo.gl/s8YNcL

❺

⌥ 品牌故事

如果你是作家，你某程度就是花一生在了解事物，然後把自己的理解寫在紙上，讓他人閱讀。

——2013年諾貝爾文學獎得主、加拿大作家
艾莉絲・孟若（*Alice Munrol*）

　　所有的品牌故事，其實都是從**一個個問號**開始的。「為什麼」您會推出這個產品？「為什麼」您想要改變世界上某些不便的事物？「為什麼」您想要為銀髮族朋友提供服務？從問號所衍生的若干意念，將會改變人們看待與體驗您的商品、服務的方式，而這也是品牌故事能夠發揮效用與魅力之處。

　　根據MBA智庫百科的詮釋，**品牌故事**[6]是指品牌創立和發展過程中，別具意義的新聞。大多數的品牌故事和品牌創辦人有關的，有的品牌故事則是品牌創立和發展過程中的重大事件。品牌故事能體現品牌理念，能增加品牌的歷史厚重感、資深性和權威性，能加深消費者對品牌的認知，增強品牌的吸引力。

　　故事是品牌的靈魂，也是品牌管理的基礎，而讓人容易產生情感認同或激發共鳴的品牌故事，其實並不需要長篇大論，或講述太多的

---

6 請參見：https://goo.gl/doxKGb

專業術語。令人印象深刻的品牌故事，通常都有**清晰**（Clarity）、**一致**（Consistency）**與個性**（Character）等共通的元素。

首先，要確保您知道自己的**核心價值**是什麼？要花時間去構建您想說什麼，以及組織一下您想怎麼說這個故事？這是您的品牌故事的主要框架，一定要讓人一目了然，很清楚地知道自己所能帶給大眾的主要價值。

其次，為了確保精心打造的品牌故事可以有效傳達給目標受眾，您必須確保您在**所有時間都能以同樣的方式來說明或展示相關的訊息**，俾以在市場上建立為客戶服務的品牌形象。

最後一個步驟，也是很有趣的一點，那就是您要給自己保留一點**迴旋空間**，**並為您計畫推出的品牌增添性格**——是天真、好奇、熱情，還是認真、負責？透過這些個性化的設計，才能讓人從情感面去認同您的品牌，進而希望與您產生連結。

讓我們回頭想想蘋果公司推出iPhone的例子，如果只是為了打電話，為何許多白領階層都願意花比較多錢買iPhone呢？因為他們購買的不只是一款智慧型手機，更買到了一個動人的故事和卓越的使用體驗。也因為這樣，讓蘋果公司得以與來自世界各地的廣大「果粉」建立連結、產生共鳴。後續甚至引發「愛屋及烏」的效應，讓許多消費性電子產品的使用者，也連帶地喜歡或支持蘋果公司所出品的其他產品。

整體而言，品牌故事之所以從「為什麼」出發，自然有其道理。不但可以幫助我們釐清思緒與行動方針，實際上也能夠協助目標受眾確認情感層面的觀感，進而認可您的核心價值，並呼應行動召喚而做出採用商品或服務的關鍵決策。

我們以 IKEA 的品牌故事為例，來看看他們如何說？

在 IKEA，我們希望能為大家帶來種類多樣、價格低廉並且設計獨特，且讓大多數人可以負擔的起的家具家飾品，了實現這樣的想法，我們從產品設計、原料採購、生產製造，到在分店中的經營，都不斷在創新和尋求改善。

我們知道如果要提供顧客便宜、品質又好的商品，企業必須有效的管理成本及運用創新的製造方法，這也正是 IKEA 從瑞典斯莫蘭（Småland）起步至今，從未改變的信念，最有效的利用原料，尋找更經濟、更有效率及更有創意的製作或包裝方式，降低成本，回饋給大家！

雖然只有短短的兩段話，卻清楚地交代了 IKEA 的企業文化、品牌定位、消費者權益與具體承諾。

再來看看誠品書店，這個備受許多文青所喜愛的書店，又是怎麼說他們的品牌故事[7]呢？

---

7 請參見：https://goo.gl/XxqRJV

> 我們經常這樣說，誠品，是城市人的集體創作。
> 而對於誠品，每個人也有不一樣的體驗與故事。
> 這些美好的寄語，我們珍惜並心懷感激，繼續努力。
> 我們願與所有朋友們分享這些文創工作者們的點滴故事，持續前行。

　　只花了短短不到100個字，就完整地勾勒出誠品的品牌形象與美好情懷。這無疑是具有代表性的好案例，也說明了故事能把人心拉攏在一起的絕妙之處。

　　除了可以講講罕為人知的創業故事，或是自家品牌在創立和發展過程中所歷經的重大事件，品牌故事還能夠談什麼呢？知名速食業者麥當勞，除了告訴我們「用新鮮人的初衷，把和你見面的每一天，都當做第一天！」，還在官網上暢談企業發展、重要里程、品牌信仰和榮耀獎項[8]，而這些也都是我們可以參考、借鑑之處。

　　而在這裡，我也以一個實際的案例來跟大家說明。過去，我有好幾位文案課的學生，在創業的道路上都不約而同推出自己的手工皂作品。其中有一位學生 Joyce Chen，她不但來上課，課後還和她的創業夥伴來找我諮詢，並給我看過她們的官網和自己寫的品牌故事。

---

8 請參見：https://goo.gl/7a43xs

　　我發現，Joyce在第一版本的品牌故事中寫了太多的專有名詞和製作細節，像是「珠光粉為化妝品級用料，主要是在雲母細片上披覆二氧化鈦，由二氧化鈦膜厚不同產生各種不同顏色，無毒無害可安心使用。」云云。

　　看完之後，雖然可以清楚得知Joyce's Soap「堅持不使用化學合成香精、色素與動物性來源香料」的決心，但若無法感動消費者，或讓人迅速理解內容，進而產生共鳴；那麼，說再多也是枉然。後來，我便陪她不斷修改品牌故事的內容，逐步地修正，改成一個具有溫度和情懷的故事。

　　以下，則是修改之後的版本：

Joyce's Soap：耐人尋味，心之所嚮

　　看著親手做出的一方方的皂，我常回想當初是怎麼愛上手工皂的？其實，我從來沒想過自己會成為一個手工皂創作者。會踏進這個圈子，來自一個美好的偶然。

　　——還記得那是一個春暖花開的日子，偶然間某個朋友給了我一塊手工皂，一塊看起來樸實，沒有任何圖案花樣的皂。看起來貌不驚人，握在手心卻感覺格外地溫暖。也是從那一刻開始，我聽見心裡有個聲音告訴自己，「我好想好想學做皂！」

就這樣，由朋友帶著我做的第一鍋皂開始，開啟了之後的無數鍋。作皂講究的不只是技巧，更要有濃郁的感情。

一塊皂由挑選油品、擬配方開始，到切皂、修皂、等待皂熟成……直至包裝好交到每位顧客手中，都需要花費無數的人力、心力。試想若非對皂懷有著極大的情感，是不可能成就一塊好皂的。

也因此一開始，我只會重覆做著沒有花樣的素皂，直到自己迷上了渲染，迷戀那隨意揮灑出的線條與紋路；這時我才領悟，即便只是表達內心的真情，也是需要技巧的，而親炙一塊好皂也是同樣的道理。那些過往的經歷就這樣醞釀和累積，形塑了今天的 Joyce' s Soap。

我們用心創皂，只為了給您最細緻的呵護與體驗。Joyce' s Soap 的唯一堅持，就是傳遞一份耐人尋味的幸福。一份可以陪伴每顆心的美好情懷。

瞧，現在這個版本是不是更容易親近了呢？是否會讓您對 Joyce's Soap 產生想要進一步了解或購買的興趣呢？

商品文案

只要做出能夠讓我這種既聽不懂專有名詞，也對專業知識沒有興趣的人產生極大共鳴的廣告就行了。

——日本知名商業設計師
《開會就是創新的現場：佐藤可士和打造爆紅商品的祕訣》作者
佐藤可士和

何謂商品文案？簡單來說，就是**用一段文字或搭配幾張圖片來描述商品或服務的特性、利益，並期望藉此勾起目標受眾的感知與興趣，進而產生消費行為的整體過程**。

有關文案的撰寫技巧，其實在本書之前的幾章已經跟大家談過許多細節了，相信各位也能學會運用表達力、說服力和感動力來寫出有效且撼動人心的文案。

但在這裡，我想特別再提一下，商品文案想要寫得好，重點不在於運用多麼高超的文字技巧，或是寫出辭彙華麗、氣勢磅礴的內容——而是要足夠了解商品的用途、屬性與特色，知道這些文案是寫給哪些族群看的？以及思考怎麼說才能奏效？

換言之，文筆好不好，或是文案的修辭是否優美，並非商品文案的重點，而是文案的內容是否淺顯易懂，可以肩負起商品銷售的使命？要知道，文案必須直指人心，並順利勾引目標受眾的好奇心或興趣，才有可能協助銷售，讓潛在顧客覺得物超所值，進而「心動不如馬

上行動」。

　　不同屬性的客群，往往關注的焦點也大相逕庭。因此，商品文案未必能夠一體適用所有的族群，而必須因時、因地制宜，針對各種族群擬定具有差異化的內容策略，並具體講出會讓這些受眾感興趣的議題。

　　比方如果我們要賣幼兒布書給新手爸媽，商品文案的寫法肯定和銷售給一般中、小學生的課外讀物或參考書有所不同。簡單來說，所謂的「布書」是方便家長用來教導或協助以感官建構對外在世界的認知階段的嬰、幼兒，所特別設計的一種輔助工具，也因此和其他書籍在定位上就有很大的不同。

　　換言之，對於一般學生在課堂上所使用的參考書，大家最重視的不外乎是內容的豐富性、題庫的權威性與解答的正確性；當然，也有些家長會注意價格是否合理？但要買給寶寶專用的玩具布書，家長通常不會太在意價格，但反而特別在意布書的整體品質與安全性，以免小朋友在無意間因咬、拉、扯、丟、捏或揉等行為而發生危險。

　　故而針對幼兒布書所撰寫的商品銷售文案，就要從爸媽的角度出發，除了提供詳細的使用說明，並強調品牌形象與設計原理外，也要多提提目標客群最在意的材質安全性，以及可重複清洗等利益。

　　整體而言，我認為理想的商品文案，就是要一肩挑起文意需淺顯易懂，卻又要讓顧客一眼便可明瞭商品利益與消費訴求的雙重任務。舉個例子來說，創立於2005年的「阿原肥皂」，是極具臺灣特色的本土清潔用品品牌。一般的商品文案會給消費者直觀的印象，加深對於商品的青睞，但以下面這則名為「與自己和好」的阿原精油系列文案來看，卻又跳脫了這種境界：

> "
>
> *我們心中都有一個漂亮世界*
> *芳香分子引領我們進入那塊美好的淨土*
> *喚醒內在力量，凍結生命初始的愛與喜悅*
> *阿原精油，開啟身體心靈的對話之門*
> *與自己和好，當下最好*
>
> "

　　瞧，在訴求「與自己和好」的過程中，是不是既有幾分詩意，卻又不經意勾勒出了阿原品牌的特色？

　　一般而言，撰寫商品文案需要注意以下幾點，好比：

　　告知商品給顧客帶來的利益、闡述商品或服務的獨特優勢、凸顯與競爭者之間的差異、提供令人驚艷的印象以及提出行動呼籲，帶動持續消費的意願。

　　除了以上需要注意的部份，商品文案除了篇幅的不同外，在使用時機上也略有所區隔：時常出現在我們日常生活中的商品，運用短文案來宣傳即可，這是因為大家對該商品已有一定程度的理解，所以不需要過多的解說，且商品往往只有小小的利益點。反觀若是比較專業的商品，或是產品訴求偏向理性的產品，那就適合用長文案來仔細介紹。

　　撰寫商品文案之前，一定要先想清楚商品或服務的屬性、利益與銷售對象。一般來說，若是比較需要解說的商品（特別是剛問世的新產品）或高價位商品，可以多使用長文案，藉此建立目標受眾對新產品的認知與需求，也容易鼓動潛在消費者直接採取行動。

文案的重點不在於字數，因此長文案未必就比較難寫，只不過在撰寫過程的確要考慮的環節比較多。如果您沒有靈感的話，不妨可以翻閱一些國內外的商業或財經類型雜誌，上頭不時會有一些不錯的範例可茲參考。

在此小小總結一下，商品文案的撰寫並沒有標準答案，**但選擇從什麼角度切入、用哪種筆觸來撰寫，卻往往關係著銷售的成敗。**文案之所以需要精雕細琢，因為它不只是一般的文學創作，雖然還談不上「文以載道」，但卻也因為承載了行銷動機與企圖，而必須注意目標客群、使用場景與若干的細節。

是以，我們要想寫出讓人怦然心動的宣傳文案內容，除了文句要淺顯易懂、容易朗朗上口外，還得注意字裡行間所隱含的脈絡、邏輯——是否能精準傳達？或是有做到前後呼應？

理想的商品文案，要能有效提昇目標客群的感知，故而先釐清產品的「獨特銷售主張」（Unique Selling Proposition），再研擬出相應的內容策略，最後才根據用途與需求來進行撰寫。至於要走專業路線，或用詼諧幽默的筆觸，則需視市場定位和產品屬性而定。

好比走文青路線的「全聯經濟美學」系列廣告，成功地爭取到了年輕人的認同；有一年它請來偶像劇男星邱澤幫御茶園代言的廣告[9]，則以詼諧的文案——「不是我喜歡低頭，只是能讓我抬頭的東西太少，喝茶我挑御茶園，使用日本進口綠茶，就是回甘。我的御用品，御茶園。」，順利地吸引了許多飲茶族的目光。

---

9 請參見：https://goo.gl/Y7SgxM

　　如果大家需要著手撰寫各種商品、服務的宣傳文案，請一定要先準確地設定溝通目標與方向，再思考如何下筆。就像來自美國的雲端服務 Evernote[10]，他們的商品文案僅用很簡潔的幾句話就表達清楚：「全部蒐集到 Evernote——大概念、小細節，以及任何資料都可以捕捉到記事裡，您需要時隨時都可以取用。」

　　請謹記：**不要只顧著講自己想說的，而要設身處地從目標受眾的角度出發**，否則即使您有再好的創意，倘若無法順利傳遞與溝通，或者難以與預先設定的行銷目標進行匹配；即便投入再多廣告預算，也可能造成資源浪費，一切也是枉然。所以，建議大家一定要審慎思考，謀定而後動。

---

10 請參見：https://evernote.com/intl/zh-tw/

⟋ 銷售頁

在銷售的領域中，來自客戶的推薦是打開大眾抗拒之門的鑰匙。
——美國創業家、ebookit.com創辦人 波・貝涅特（Bo Bennett）

　　在本章的最後一節，我要跟大家談談「銷售頁」（Landing Page）的設計原則與文案寫作技巧。

　　什麼是銷售頁呢？根據互動百科的介紹[11]，在網路行銷的領域之中，銷售頁有時也被稱為「著陸頁」或「名單蒐集頁面」，就是當潛在用戶點擊廣告或者利用搜尋引擎搜尋之後顯示給用戶的網頁。一般而言，這個頁面會顯示和所點擊廣告或搜尋結果連結相關的擴展內容，而且這個頁面應該是針對某個關鍵字做過「搜尋引擎優化」（SEO）的。

　　銷售頁主要有兩種類型，分別是**參考型的導引頁面**（Reference Landing Page）和**針對交易所設計的銷售頁面**（Transactional Landing Page）。

　　顧名思義，參考型導引頁通常會在頁面中顯示文字、圖片與影音等資訊，藉以提供給瀏覽者參考。我們常可以在一些公部門、協會、機構或公共服務組織的網站上，看到參考型引導頁的蹤影。

11　請參見：https://goo.gl/5MB4Pm

　　而交易型銷售頁的設立目的，就是試圖說服瀏覽者完成交易行為或某項行動，比如填寫表單、與廣告進行互動或者驅動完成銷售頁上的其他目標，其最終目的便是盡量促使瀏覽者購買商品或服務。此類網頁會透過行銷手法，設法取得瀏覽網頁者的個人資訊（如姓名、電子郵件地址等），以便後續的行銷推廣。

　　瀏覽者在交易型銷售頁進行一次交易的行動，被稱為**轉換**（Conversion）。而銷售頁的效率則可透過「**轉換率**」（Conversion Rate）來衡量，也就是流量轉換成實際訂單的比率。為了提高轉換率，行銷人員通常會不斷選擇、測試和改進他們的銷售頁，並調整所使用的文案內容。而業界經常使用的測試方法，包括**A/B 測試**（A/B Testing）和**多變量測試**（Multivariate Testing）等。

　　讀到這裡，您應該可以理解銷售頁的用途，主要是讓目標受眾訪問精心設計的特定網頁，進而促使他們購買商品或服務，或是讓這些潛在顧客為了得到某些資訊，而允許業者透過電子郵件、電話或其他方式與其聯繫。此外，設計卓越的銷售頁也會設計回饋與分享的機制，方便瀏覽者可以填寫意見、評論，或把這個銷售頁的資訊告訴其他親友或有需要的人。

　　接下來，我想舉幾個例子來說明銷售頁的文案撰寫，要怎麼寫才能吸引受眾的目光？

　　首先我們看看Airbnb這個全球旅遊民宿平臺的銷售頁，看到斗大的標題寫著「成為Airbnb房東並賺取收入」，相信任何人都可以一眼看

懂這個網頁的目的，也就是希望藉此在臺北招募房源[12]。

　　這個銷售頁的設計簡單大方，網頁上笑得開懷的那位女士彷彿正暗示我們，只要加入Airbnb的行列，將可以日進斗金。果然，立刻就在網頁最顯眼的地方看到斗大的數字，明確告知大眾只要透過Airbnb平臺在臺北出租一套公寓，房東每周平均可收入新臺幣7628元。

　　為了提昇信任，Airbnb還具體地列出許多的利益，像是房東可以加入一個相互支援的全球社區，隨時都有機會從Airbnb社區以及其他房東身上學習到不少寶貴的知識；另外，Airbnb還提供總額高達新臺幣三千萬元的房東保障金計畫，真的很難不讓人怦然心動呢！

　　我們再來看另外一個例子，這是一個雲端數位服務Airtable的功能介紹網頁[13]。打開這個網頁，首先映入眼簾的便是碩大的標題，告訴來訪者「**這是一個被賦予重新想像的試算表**」。

　　呃，試算表不就是那樣嗎？可以有什麼創新或改變嗎？相信很多人讀了這句標語，一定會在腦中想起繁瑣的Excel表單，更可能產生很多的問號。其實，這就是Airtable想要勾引受眾的一個小詭計，巧妙地透過「搭便車」的方式來讓大家感到好奇。

　　緊接著，這個銷售頁立刻告訴我們：Airtable是一個簡單卻強而有力的組織工具，用您想要的方式來運行。它是一個快速且靈活的電子試算表，但卻提供了清新整潔與現代感的方式，方便使用者來處理資

---

12 請參見：https://goo.gl/vb1TTT

13 請參見：https://airtable.com/features

《直覺式塗鴉筆記》

訊或與工作夥伴進行協作。

看到這裡，我相信已經有不少人會迫不及待地點選下方的「Sign up now for free」按鈕了！更何況，這個服務是免費的（當然他們也提供了付費方案），更因此卸下許多人的心防。

接下來，我想以自己設計的一個銷售頁來跟大家分享。這是為了2016年5月所舉辦的讀書會所設計的網頁，主要目的是希望招攬對《直覺式塗鴉筆記》這本書感興趣的朋友一起來閱讀。

當時為了順利推動《直覺式塗鴉筆記》讀書會，我在網頁上方除了

一杯咖啡的商業啟示

放置主辦單位的聯絡方式以及導讀書籍的封面圖片，也利用簡單的幾句話帶出這本書的重點：不用落落長文字，5個元素、幾筆簡單線條，做出令人驚豔的圖像式簡報。

　　我更明確地告訴大家，身為數位時代的新移民，我們都需要學會用圖畫說故事。同時，在銷售頁中附上過往讀書會的活動花絮、照片和影音，更能具體展現這個讀書會的運作方式與真實面貌。並且搭配Facebook社團的運作，讓參加讀書會的朋友可以交流、互動。

　　2017年初，我還為了自己推出的「一杯咖啡的商業啟示」付費服務

設計了銷售頁。如果您有興趣參考的話，也可以直接連上網頁觀賞。

透過以上幾個案例的解說，您是否已經掌握到銷售頁的設計原則和文案撰寫技巧了呢？

接下來，我再幫大家歸納、整理一下重點：

在著手設計銷售頁之前，我們要先經過一番縝密的思考與規畫，**確認目標受眾是哪些人？銷售的目的又為何？**之後，再和夥伴一起集思廣益，思考如何撰寫令人怦然心動的文案。

當然，我們得要在銷售頁中放上**獨特的魅力點，也就是帶給目標受眾的利益**——好比 Airbnb 所帶給房東的豐厚收益、Airtable 幫大家搞定難纏的試算表，而 Vista 的讀書會可以幫忙碌的朋友們整理書中的重點等等。

一般常見的**利益關鍵字**，像是特價、限量、折扣、免運費或獨家等，都是可以用來打動人的利器。但值得注意的是不可以太貪心，不要試圖在一個銷售頁面中放上太多的賣點，那樣反而會模糊焦點，讓人無法迅速理解和掌握重點。

最重要的一點，就是別忘了設計**明確的行動召喚**（Call to Action）。行動召喚可以是簡單的一句標語、一個按鈕，也可以是一張讓人看了會心一笑的插畫，但重點是必須明確反映訴求，且與目標受眾期待在您的網頁上所看到的內容一致，或直接相關。好比當網友按了「立即申請」鈕，就要立刻導引他進入註冊流程，最好可以在簡單的幾個步驟內就開始使用服務。

理想的行動召喚，要和到達網頁的內容互相呼應，唯有強化之間

的關連性，才能讓目標受眾的使用體驗更臻美好，也有助於促進銷售。

請謹記，**所有銷售行為的核心還是在於人**，所以與其花太多心思在設計美輪美奐的網頁，還是應該多關注我們的目標受眾，想想他們對什麼感到不便或苦惱？會對哪些事物有興趣？或者在日常生活中，需要什麼商品、服務的協助？

銷售頁的目的通常很明確，現代人往往沒有時間看完長篇大論，所以一開始就要講重點，切入主題。**請把握簡單、有力的原則，多說說獨特銷售主張**，也可巧妙運用數據、名人證詞或用戶口碑，而避免過多空洞的行銷辭彙。如此一來，精心設計的文案才能打動人，進而達成我們所設定的目標。

最後，我也想再提醒一下。身處行動時代，大家都很依賴Google或Bing等搜尋引擎來查詢資料，也常用智慧型手機或平板電腦上網，所以在設計銷售頁的過程中，也要格外注意搜尋引擎優化（SEO）和不同行動裝置的瀏覽議題，好比要考慮是否另行開發App，或是採用響應式網頁設計（Responsive Web Design）等方案。

由於每個被搜尋引擎索引過的網頁，都可能是潛在的銷售頁。因此，我們除了在銷售頁上要多談帶給目標受眾的利益，也別忘記嵌入一些特定的關鍵字。關鍵字和SEO的搭配無疑是另外一門學問，但也值得我們花時間去研究。

其實，銷售頁的設計還有很多的細節，像是網頁設計的工具、教學，以及最近很熱門的流量成長駭客（Growth Hacking）等等，但受限於本書篇幅的關係，就先為大家簡單介紹到此。我會將再開設相關的

課程，或撰寫其他文章跟大家分享，歡迎讀者們關注「內容駭客」[14]網站以及它的Facebook粉絲專頁[15]。

---

[14] 網址為：https://www.contenthacker.today/

[15] 網址為：https://www.facebook.com/content.taiwan/

如果大家需要著手撰寫各種商品、服務的宣傳文案，
請一定要先準確地設定溝通目標與方向，
再思考如何下筆。

9

陪您走過一段
創作的精神旅程

雖然本書的重點在於介紹文案撰寫的技巧，
但其實「內容力」才是貫穿整本書的真正核心。

⟩ 內容力

奇蹟是可以創造的，但只有透過汗水。

——*義大利工業家 吉雅尼‧阿涅利（Giovanni Agnelli）*

就我來看，文字工作者其實也是某種型態或意義上的設計師——就像設計師透過顏色、形狀和圖示，藉此創造出色的操作介面和用戶體驗一樣，文字工作者和作家們則擅長運用詞藻和文句結構來創造令人動容的好文章。

看完本書，你應該可以體認到一點，文案寫作的重點不只是在於寫出精采的篇章，更重要的是要能夠運用文字來協助解決設計上的問題，以及協助解決讀者與顧客心中的問題。

在《十倍勝，絕不單靠運氣：如何在不確定、動盪不安環境中，依舊表現卓越？》一書中，兩位作者詹姆‧柯林斯（Jim Collins）和莫頓‧韓森（Morten Hansen）提到了「SMaC配方」。所謂的SMac，其實是「Specific，Methodical and Consistent」的縮寫，也就是「具體明確，有條理、有方法，同時又始終如一」的意思。

其實，在撰寫文章或文案的時候，大家也可以參考這個SMaC致勝配方。換句話說，我們在寫作的時候不但要有旺盛的企圖心，並且必須遵從狂熱的紀律、具有建設性的偏執以及以實證為依據的創造力。

另外，根據《創意的生成》一書提到有關創意的淬鍊，已經過世的美國傳奇廣告大師楊傑美（James Webb Young）跟大家分享了有關創意

生成的五個步驟：

- 資料蒐集。
- 消化吸收。
- 讓潛意識為你工作。
- 創意的誕生。
- 將創意作最後修正，以符合實際用途。

以上這五個步驟，不但回答了「創意是怎麼來的？」這個重要的問題，對於文案撰寫者而言，也是絕佳的寫作指南。但凡所有商品文案的起點，都是從資料蒐集開始做起，我們不僅蒐集競品資訊、市場情報，同時也要勾勒用戶輪廓，才能掌握目標受眾的需求。

楊傑美認為，所謂的廣告創意，就是在特定資訊的基礎上再添加一般性資訊，並重新加以組合。當我們完成資料蒐集並將其整理放進資料庫之後，就要像玩拼圖一樣，不時檢視各種不相關的素材，並加以排列組合，試著找出一些可依循的脈絡。之後，可以泡杯咖啡稍微放鬆一下，讓你的潛意識接手創意拼貼，也許會迸發一些有趣的靈感。要知道，任何的蛛絲馬跡都很有可能為將來的文案添加風采！

您可以和公司同事們一起腦力激盪，或是打開自己的資料庫尋找靈感，當寫好文案的初稿後，如果還有時間的話，先別急著交稿，不妨沈澱幾天。之後再看過幾次，或是與同事、主管一起討論與修正，整理出一份可以直指人心又擲地有聲的好文案。

創意的生成，不僅僅需要靈感的陪伴和長期的經驗積累，往往更需要內容力的修煉。說到內容力，我還記得在 2013 年 3 月時，曾經讀過

現任康泰納仕樺舍集團副總經理的好友「老查」李全興在「INSIDE 硬塞的網路趨勢觀察」網站所發表的一篇文章。在〈越來越重要的一種能力──內容力〉一文中，老查提到：

「內容力」即將成為越來越重要的能力，原因是在我們每天的社群互動中，非常大的一部分就是「內容」與「資訊」被分享而流動的過程，內容就如同航行在社群之海流之上的船，有好的船才可以乘載你或你的企業、產品、服務等訊息到你希望到的地方。

我很認同老查的這番話，重新閱讀這篇文章，赫然發現在當今這個行動時代，內容力已然成為每個人必備的超能力。不只是負責營運 Facebook、Instagram 等社群媒體的編輯，必須懂得為各種影音圖文等內容包裝或進行策展，或是從事行銷宣傳的朋友，也要有撰寫商品文案和新聞稿的能力；其實，大家都必須有創作、編輯或策展的能力，好好學習跟內容做朋友。

雖然本書的重點在於介紹文案撰寫的技巧，但其實「內容力」才是貫穿整本書的真正核心。大家平常看多了坊間內容農場出品的罐頭文章，或是許多標題黨為了騙取流量所下的兇猛標題，不但無法有效地增加商品、服務的銷售數字，也可能會對我們的身心造成一定程度的傷害。

整體而言，我認為撰寫好的內容，必須掌握以下幾個要點：

● 直接而有力：
進入二十一世紀（或者說訊息碎片化時代來臨）之後，在文案撰寫

這個領域已經有了很大的轉變。過去很重視措辭和造句的優美，寫文案和文學創作之間的分野並不太大；但如今大家沒有太多的耐心，注意力更成了稀有的貨幣。於是，文案撰寫的重心開始從信、達、雅轉移到簡潔有力、快而有效。好比共享經濟的代表Uber所提出的「不斷變化的世界移動方式」（Evolving the way the world moves.），或是雲端儲存服務Dropbox所擘畫的願景「家庭生活」（A home for life），都是力求讓大眾一看就能明瞭的鏗鏘有力文案。

● 勾引讀者萌發動機或產生興趣：

根據幾年前美國《商業地平線》（Business Horizon）的報導，人們在網路上的忍受程度只有8.3秒，意思是如果網頁在8秒內還沒載完，網友就會失去耐心而離開。當然，伴隨網路科技的演進，現在大家的耐心更有限，掃描每則標題的速度也只需零點幾秒，如果我們所撰寫的文案無法在短短一兩秒內吸引讀者的興致，那麼很可能一切都是白搭。所以，能夠結合時事、彰顯人性的文案，會比一味說道理的文章更受歡迎。

● 展現具體的利益：

做行銷，必須要了解顧客真正關心的事物，才能寫出讓他們覺得重要的內容；而要讓人「有感」，首先就是要展現具體的利益。就像我在書中提過幾次小米手環的故事一樣，每個人選購的理由可能不盡相同，對家母來說，因為可以透過藍牙提醒來電，所以讓她一「戴」成主顧。

● 不可以有產生誤解的風險：

很多人在撰寫文章或商品文案時，偶爾會想要賣弄一下文字功力，但要特別小心不要弄巧成拙了，以免讓目標受眾心生反感，或是

產生錯誤的聯想。舉例來說，家樂福在2016年8月所推出的「飄飄同樂會」中元節促銷活動，打出「就算沒有第三隻眼，現在也可以看見飄飄！」的口號，看得出來是想訴諸黑色幽默；但諸如這類的行銷操作，往往需要格外地小心。雖然已經事過境遷，但當我再看到類似「邀請您一起與飄飄同樂」的字眼時，不免會覺得有些毛骨悚然。

● **兼具理性與感性：**

好好的內容，不只是要做到圖文並茂，若能兼重情理，更讓人容易信服。善用科學根據、數據和名人證言，可以建立文案的權威性，而運用說故事的手法，則可以讓人自動投射情感到特定情境之中，並產生連結。能夠讓人怦然心動的文案的確有很多種，但若能兼具理性與感性，一定會讓人留下深刻的印象，並願意聽從召喚。

時至今日，走在大街上常可發現有人在發送傳單，但大多數人都揮手拒絕，甚至是拿了之後直接丟到街角的垃圾桶內。在這個資訊爆炸的年代，促使社會大眾接收訊息的門檻提高了；對業者來說，唯有不斷推陳出新，產製出令人好奇或感興趣的內容，才會讓人雙眼發亮，願意花時間去觀看或瞭解。

因此，我認為培植「內容力」是每一個行銷人都必學的功課，而文案寫作，誠然也是為了創造顧客價值而生的一種方式。當我們學會了以優質內容為餌，吸引潛在顧客上門的行銷手法時，也才能夠在這個「內容行銷」逐漸成為主流的數位時代，持續地為自家商品或服務的宣傳加分，並提供更多的附加價值。

全球市場行銷學的權威菲利普・科特勒（Philip Kotler）教授曾說過：「行銷並不是以精明的方式兜售自己的商品或服務，而是一門真正

創造顧客價值的藝術。」他在2017年出版的《行銷4.0：新虛實融合時代贏得顧客的全思維》一書中，也提到了以人為本的行銷方式，認為新世代的行銷應格外重視顧客體驗的每個層面。

整體而言，**要寫好一篇理想的文案，我們必須得從閱聽眾的角度切入，思考他們關心什麼、在乎什麼？**甚至是需要什麼？要知道現代人所擁有的選擇太多，如果文案寫作還停留在傳統思維，單純從商家的角度去思索的話，即便產品的規格再好、價格再優惠，恐怕都難以打動人心。

換言之，吸引人的文案，不必長篇大論，也無需華麗的詞藻來裝飾，入門的第一課就是需要用心，能夠從閱聽大眾或顧客的角度來思考！

在此，再幫大家複習一下。要寫出能夠吸引人的商品文案，並沒有想像中的困難，我們只需要注意三個面向即可：

第一個面向是Audience，也就是目標受眾。

寫文之前必須弄清楚，你在對誰說話？是想對哪些族群進行溝通？千萬別以為只要隨便寫一篇文章，就可以打中所有人了！或是自我感覺良好，以為可以把商品賣給從6歲到60歲的族群，這樣做的成效未必良好哦。

第二個面向是Features，也就是商品特色。

簡單來說，不能只是在文案中堆砌華麗的詞藻，更需要明確提到自家商品有哪些具體的特色、利益？好比iPhone和蘋果電腦為何廣受歡迎，背後必然有其原因。

第三個面向是Aim，牽涉到聚焦與轉換效益，也就是大家最關注的

部份。換言之，文案能否達到宣傳的成效，自然必須先設定瞄準的目標與成效。

掌握了這三個面向之後，自然會對文案寫作有一個初步的概念。除此之外，我還想帶給大家一些基本認知，並引領各位了解文章鋪陳的流程：

● **第一點，商品文案的起點，在於喚起共鳴。**

我曾看過很多的文案，上頭寫了密密麻麻的功能、規格和特色，價格看起來也很合理，但成效卻不理想，這是為什麼呢？因為這些文案沒有鎖定目標受眾，也並未使用他們慣用的語言來溝通，自然也無法激發共鳴。所以，喚起共鳴是很重要的一個步驟。

● **第二點，深入瞭解潛在顧客的困擾與需求。**

很多人寫文案，只是從廠商立場或老闆視角出發，但光說自己想講的東西是沒有用的；如果不能換位思考，無法深入理解潛在顧客的困擾與需求，又怎能期待對方會買單我們所端出的好商品呢？

● **第三點，為潛在顧客帶來解決方案與利益。**

在瞭解了潛在顧客的困擾與需求之後，就可順勢帶出我們所提供的解決方案，並且要記得在文案中強調購買、使用之後可以帶來的具體利益。如此一來，才能強化讀者的動機與信任關係。

● **第四點，進一步採取行動呼籲，轉換訂單。**

前面鋪陳了那麼多，如果功敗垂成豈不是很可惜？所以，談完了解決方案和可以帶來的好處之後，別忘了再進一步呼籲大家要採取行動。要知道，即便是當年意氣風發的賈伯斯，他在近乎完美的iPhone

發表會之中也不忘大聲疾呼，要所有與會的觀眾記得去購買 iPhone 手機！所以，我們更要謹記在商品文案中置入強而有力的行動呼籲。

　　而在文案內容的撰寫上，除了自己多加練習之外，我也建議大家不妨多觀摩他人的作品，進而找出差異，並營造出與眾不同的風格。無論像是先前的全聯福利中心，最近的故宮精品小編或蝦皮電商的社群經營團隊，都紛紛建立了鮮明的特色，這一點也值得參考。

　　我曾拆解一些成功的商品文案，發現他們在打動人心的這個環節，都做到了以下這幾件事：

- 以潛在顧客為重心，說故事但不說教。
- 主動提出問題，促使潛在顧客思考。
- 拉近與潛在顧客的距離，激發同理心。
- 文案內容要有趣，營造獨特的風格。

　　誠然，光會寫「勸敗」文案，頂多只是一名工匠，而真正厲害的寫作者，要能夠「見樹又見林」，從制高點來掌握全局──如此一來，不僅可以寫出通順流暢的文章，更能讓產品的體驗更加全面，也漸臻完美。

　　在寫作的過程中，我們往往需要注意很多的細節──小從標點符號的寫法，大到觀點立論的表達，都值得花很多功夫去仔細推敲。好比想要寫出一段合宜的文案，不但要能夠符合整個產品的神韻、特性和氣質，更得兼顧目標用戶的使用場景、感受和需求。

　　換言之，商品文案的重點在於以人為本，而不只是流暢的文筆或

精美的圖片而已。從理解目標受眾的心聲開始，進而觸發需求和好奇心，便能讓商品文案發揮效用、無往不利！

　　文案寫作，自有一套方法與邏輯，但也需要大量的觀摩、練習與積累，並非一朝一夕即可學成。與其教一些速成的套路，我更重視心態與觀念的建立，而這也是我寫這本書的初衷。

⟫ 文案寫作百寶箱

> 對於一個人的成功與失敗，態度所扮演的角色比能力更重要許多。
> ——美國假日酒店創辦人 凱蒙斯・威爾遜（*Charles Kemmons Wilson*）

在過往開設的系列文案課之中，都會提供我所整理、搜羅的文案寫作百寶箱給學生，希望同學們可以在文案撰寫的過程中，獲得一些參考資訊。在本書的最後一個篇章，我也想把這個百寶箱送給大家，希望各位都能從中獲得助益。

·················· **參考資源** ··················

《重訂標點符號手冊》修訂版 [1]

根據維基百科的介紹，標點符號是輔助文字記錄語言的符號，是書面語的組成部分，用來表示停頓、語氣以及詞語的性質和作用。根據以往教文案課的經驗，我發現很多人都把標點符號還給小學老師了，以至於一整篇文章，只會用逗號和句號。所以，我常把標點符號這個環節，列入課前預習的部份。其實，標點符號的用處不只是為了修飾內容，或增進文字的順暢性，如果運用得當，標點符號甚至可以

---

[1] 請至：https://language.moe.gov.tw/001/Upload/FILES/SITE_CONTENT/M0001/HAU/c2.htm ❶

幫助銷售。好比善加運用問號或驚嘆號，可以增加文案的強度或懸疑性，宛若在文句中置入一個「鉤子」，可以吸引人們的好奇心。

如果您還不是十分熟悉標點符號的使用，我會建議花一點時間上網瀏覽。標點符號，可說是中文寫作的基礎，絕對值得您投資一點時間來重新理解和認識。嗯，讓我們多跟它親近親近吧！

教育部成語典 [2]

成語是前人歷經千百年文化的流傳、洗禮之後，傳承給我們的禮物。成語不但有豐富的典故，背後往往還有深厚的寓意。2017年底過世的著名詩人余光中便曾說過，「成語是白話文的潤滑劑」，顯見它的價值與重要性。

學習成語，不但可以精鍊文句敘述與表達的能力，也有助於換種說法來傳達意念。舉個例子來說，如果要形容眼前山河景色的優美，除了常說的「山明水秀」之外，您還會用哪些成語呢？如果學會了應用成語，就知道還可以用：錦繡河山、高聳入雲、水天一色、波光粼粼、湖光山色、重巒疊嶂、高山流水或煙波浩渺等來造句。

雖然我們曾說過，撰寫有效的文案未必要堆砌華麗的辭彙，但如果能適時地引經據典，也會給文案加分哦！

但您還記得多少句成語呢？如果亂用成語，那可是會貽笑大方的唷！好比我看過有人把描述質樸單純的田園生活，寫成「享受瓜田李下的田園休閒生活……」，這可真叫人哭笑不得。

---

2 請至：https://dict.idioms.moe.edu.tw/

記得在2016年6月，小米旗下的智能家居品牌米家對外公布一張神祕的海報，上頭寫著大大的「風行電照」四個字，彷彿暗喻即將推出新產品。

有人猜測，小米是不是把「風馳電掣」誤寫成了「風行電照」？當然，就局外人來看，不無這個可能；不過，中國其實也有一個成語是「電照風行」，意思是「如電光之照耀，如風之流動」，比喻影響甚大。或許小米不是寫錯了，只是把這個出自南朝的典故「電照風行，聲馳海外。」給弄顛倒了。

教育部重編國語辭典修訂本 [3]

雖說我們每天都在使用中文，但難免有時會忘記或不確定某個中文字的寫法，舉例來說，您還記得「心無旁騖」的這個「騖」，下面是馬還是鳥呢？（小提醒，只有用「趨之若鶩」的時候，才要用這個「鶩」哦！）

如果沒有把握的話，這個時候就需要借助國語辭典了。還記得小時候，爸媽總會幫我們準備一本國語日報學生字典，但長大之後可能就不知道丟到哪裡去了？不過沒關係，只要上網查閱教育部的重編國語辭典，一樣很方便。

---

3 請至：https://dict.revised.moe.edu.tw/

Cambridge Dictionary [4]

儘管我們大多時候都使用中文來撰寫文案，但身處在這個地球村，我們難免會有需要用到英文的時候，如果沒有把握、不大記得某個英文單字的用法，而身邊恰巧又沒有英文高手該怎麼辦？

這時，我就會打開瀏覽器連上Cambridge Dictionary網站，試著輸入關鍵字來查詢。這個線上辭典除了提供中、英文的解釋和例句外，還有美式和英式的發音，可以讓我們順便練習，是一個很不錯的語言學習資源。

其實，網路上有很多的英文學習資源，除了中、英文的解釋和例句之外，還能夠查詢片語唷！

順帶一提，如果您有撰寫英文文案的需求，我也推薦閱讀這本《寫出銷售力：業務、行銷、廣告文案撰寫人之必備銷售寫作指南》。這本書除了傳授將銷售技巧轉換成銷售寫作技巧的簡單祕訣、快速寫出最佳文案的信心與技巧，以及傳授獲得讀者注意力、尊敬和信任的新方法外，還提到相當多撰寫英文文案必須注意的細節，相當值得參考。

·············· 網路社群 ··············

除了以上的參考資源外，我也在網路上成立了一些相關的網站和社群，歡迎有興趣的朋友共同互動、交流。

---

4 請至：https://goo.gl/eTskWB

內容研究所 [5]

顧名思義，這是一個專門研究「內容」的場域。在這個粉絲專頁之中，我會不定期跟大家分享一些與文案撰寫、內容營運或內容創業有關的新知、動態。倘若您對這幾個議題都感興趣的話，不妨來幫我按個讚，或是設定搶先看；如此一來，便不會錯過我所分享的最新資訊囉！

內容駭客俱樂部 [6]

這是一個Facebook上頭的不公開社團，也是我為「內容駭客」網站[7]所特別成立的社群。如果你想精進內容行銷或文案寫作的技巧，希望有人和你一起練習書寫，或是希望有朋友可以相互討論作品的話，那麼很歡迎大家申請加入這個社團。寫作是一門需要刻意練習的技術，天份雖然很重要，但想要追求成功，往往更需要苦練。所以，讓我們從現在開始練習吧！

Vista小學堂 [8]

常有人跟我諮詢開課的事宜，所以我架設了這個網站，只要新近有開設課程，我就會在上頭宣布。除此之外，我也會不定期在這個網站上分享一些與文案撰寫有關的內容，有興趣的朋友也不妨關注，或是可以直接訂閱文章通知，以確保在第一時間收到開課通知。

---

5 請至：https://goo.gl/WdCy5V

6 請至：https://goo.gl/kqqEGS

7 請至：https://www.contenthacker.today/

8 請至：https://www.vistacheng.com

　　終於進入本書的尾聲了，很高興您對文案撰寫感興趣，我也很榮幸可以陪伴大家走過這樣一段創作的精神旅程。正所謂「千里之行，始於足下」，這本書只是通往寫作的起點，讓我們一起努力前進吧！

光會寫「勸敗」文案，頂多只是一名工匠，
而真正厲害的寫作者，要能夠「見樹又見林」，
從制高點來掌握全局──如此一來，不僅可以寫出通順流暢的文章，
更能讓產品的體驗更加全面，也漸臻完美。

慢讀秒懂數位好文案

10

AI寫作鍊金術

隨著AI技術的與時俱進，
各種AI寫作工具已經形成一道美麗的風景，
成為很多人的重要幫手。

⌕ 數位時代新產物

AI寫作工具可以幫助我們快速生成草稿，提供寫作建議，還可以協助我們檢查語法和校對。

　　說到AI，想必你一定不陌生！這不但是從2022年一路延燒到2023年的熱門話題，也是許多媒體或網路族群熱衷追求的流量密碼。

　　那麼，什麼是AI寫作呢？簡單來說，AI寫作就是運用當今的人工智慧技術，讓電腦自動產製文字內容的過程。這種技術透過資訊科技預先訓練大量的文本數據和大型語言模型，使電腦能夠自動生成各種有意義的文字，例如：文章、報告或故事等。

　　想像一下，當你需要為一場重要的演講或會議準備稿件，但你卻對如何開始感到困惑，這時該怎麼辦？或者，如果你此刻正在寫一篇報告或文章，但卻很苦惱無法找到合適的詞彙來表達自己的想法，那麼該何去何從呢？這個時候，如果有一款工具、軟體可以幫助你迅速生成草稿、提供寫作建議，甚至是主動幫你檢查文章的語法和拼寫，那該有多好？

　　是的，這就是AI寫作工具的魅力所在。隨著AI技術的與時俱進，各種AI寫作工具已經形成一道美麗的風景，成為很多人的重要幫手。這些工具不但可以幫助我們提高寫作效率與品質，更能夠延伸創作的可能性，甚至是開創嶄新的寫作風格。

　　為何我們需要AI寫作工具呢？道理很簡單，因為在快節奏的現代生活中，我們經常需要快速有效地溝通我們的想法。無論是撰寫企畫案、電子郵件或是寫報告跟會議紀錄，甚至是創作社群媒體的貼文，寫作都是我們日常生活的一部分。然而，寫作是一個需要投入箱多時間和精力的過程，並且需要一定的技巧和練習。這就是為什麼我們需要AI寫作工具的原因。

　　AI寫作工具可以幫助我們快速生成草稿，提供寫作建議，還可以協助我們檢查語法和校對。這不僅可以節省我們的時間，還可以提高我們的寫作品質。此外，AI寫作工具還可以提供豐沛的寫作靈感，提供新的寫作角度和想法，讓我們的寫作更加豐富和多元。

　　如今連小朋友都知道AI，很多人也能對它品頭論足……但是，也有很多人會誤以為這是這兩年才崛起的酷炫科技，其實不然。早在1956年，當時就有一位名為麥卡錫的美國電腦科學家在達特茅斯會議上提出倡議。所以，AI發展至今已有接近七十年的光景。

　　不過，AI因為具有知識密集和資本密集的特性，所以這些年的發展並不如預期，中間也曾歷經至少三次的低谷，並非一路走來都順風順水。一直要到最近的這幾年，AI才有比較長遠的進步，其中有關商業寫作的諸多應用，也是最近這三年才應運而生。如今，除了大家所熟知的ChatGPT，坊間至少還有上百套標榜擅長不同功能與應用場景的AI寫作工具，可說是應有盡有。

　　談到AI寫作，2023年一開春，就有文壇人士的腦筋動得飛快！大家開始去構思，是否可以用AI工具來輔助藝文創作？舉例來說，像美國Amazon公司的Kindle電子書店上頭，如今已有不少的童書、繪本，就是透過AI工具協作出來的。當然，在這波AI創作風潮的背後，自然

也會衍生很多以往未曾遇過的議題，比方說道德倫理或著作權的爭議，還需要透過政府立法等方式來克服。

可想而知，AI寫作有它的優點，像是可以節省時間、提高效率。舉例來說，最近我應邀到三重扶輪社演講，結果有一位社員恰巧是執業律師，他就跟我說現在每天都跟ChatGPT培養感情。以前如果請大學法律系畢業的助理寫一個合同，可能需要花一天的時間，但ChatGPT卻只需要花一秒就可以完成，而且寫得還不差！當然，諸如ChatGPT的各種AI工具並非萬能，自然有其缺點跟不足之處。比方說，它可能會遇到某些法規、技術或是倫理的問題等等……可想而知，這些部分都還需要專家、學者與社會賢達人士集思廣益，共同謀求解決之道。

AI工具的確很方便，當我們與它互動時要懂得該如何提問。基本上，ChatGPT是一個大型的語言模型，簡單講就是我們與之互動，有點像在玩文字接龍的感覺。所以，當你問它任何不涉及道德或法律爭議的問題時，它多半能夠正面回應你，並給予可行的解決方案；但是，如果你希望想得到比較有建設性的答案，這時就要注意提問的技巧了！

舉個例子來講，如果你問它要怎麼樣才能夠財務自由？ChatGPT可能立刻會回答：首先，你要養成記帳的習慣，其次，你要在銀行開戶，定期存錢。聽到這樣的答案，你可能會翻一個白眼，然後在心裡默默地想，「這不是廢話嗎？這個道理我當然也知道，但重點就是很難持續記帳跟存錢嘎！」

所以可想而知，如果你這樣直接問它，ChatGPT就可能給你一個看似中規中矩的答案。所以，我建議大家若是使用ChatGPT或

Midjourney等AI工具，必須要先知道如何下指令，給出一個比較明確的方向，才能讓答案更聚焦。

在這邊，我也要特別提醒大家，在使用諸如ChatGPT等AI工具時，千萬不要把它當成搜尋引擎來用。過往，Google、百度或Bing等搜尋引擎陪伴大家成長，我們已經很習慣搜尋，現在遇到任何大小事，大家都會去Google！但是這種關鍵字的思維，不見得適合現在這個AI時代，而且每個軟體都有它的強項，建議你要好好思考。我們必須要知道每個工具或軟體的強項是什麼，以及它的侷限所在，如此一來方能發揮它的價值與效用。

以AI寫作來說，我們當然可以直接要求ChatGPT幫我們寫一篇商品文案、履歷表或產品規格書……但是，與其要ChatGPT直接幫你寫一篇文章，我更覺得應該讓它幫你開個頭，做一些有趣的發想，或是協助你去搜集更多有關寫作的素材與靈感。

我們應該如何擁抱ChatGPT呢？我在「AI好好用」社團以及部落格上頭，都曾跟大家分享有關正確使用ChatGPT的方法，簡單來說，也就是從對話、增幅、放大到活用。

基本上，無論你是否喜歡，AI這股浪潮已經席捲全球，已然是一個不可逆的趨勢了！因此，無論我們在職場上的工作是做行政、客服、工程師，甚至只是一名退休人士或家庭主婦，只要你能夠善用AI工具，肯定會對工作帶來一些助益，對你的生活也可能會增加一些樂趣或調劑。

以我自己來說，除了會讓ChatGPT每天幫我整理日記和靈感筆記，也不是每次都請它協助自己的寫作事業。好比有一次突然很懷念兒時吃過的宮保雞丁，我就問ChatGPT：「你可不可以教我做一道宮保

雞丁？」沒想到它居然立刻幫我想出一個新手小白也學得會的宮保雞丁食譜，真的太神奇了！

　　從這個例子來看，相信你不難發現：AI工具，其實可以幫我們做很多的事情，所以千萬不要讓你的想像侷限了自己的行動。

⤳ 開啟與AI的對話

要讓AI工具給你理想的答案，你得先構思正確的提問策略。

　　關於如何向AI工具提問，我在這邊跟你推薦一本好書，書名是《提問的設計：運用引導學，找出對的課題，開啟有意義的對話》（問いのデザイン：創造的対話のファシリテーション）。這本書是由安齋勇樹（ANZAI Yuki）跟塩瀬隆之（SHIOSE Takayuki）這兩位日本作家所寫的。

　　他們在書上提到：提問是一個讓人們透過創造式對話，重塑認知與關係的媒介。我覺得這段話講得滿好的，很符合現在這種生成式AI工具的思考邏輯。有興趣的人可以去圖書館，或者去書店買來看看。

　　以往大家可能不大重視提問的技巧，甚至你可能覺得：「提問？不就是簡單丟幾個關鍵字去問Google嗎？」嗯，其實不是這樣的。我想提醒大家，提問是非常重要的。所以，我們現在如果想要享受各種AI工具帶來的便捷，就應該利用這個機會重新學習怎麼去提問？

　　根據媒體報導，目前的ChatGPT相當於九歲小朋友的心智，所以建議你也不要問太複雜的問題，盡量用淺顯易懂的方式與它互動。當然，我也很鼓勵大家可以按照你的背景、專業，來設計自己專屬的提問框架。換句話說，也就是按照你真正的需求去設計你自己的指令。

　　舉例來說：如果你是一位行銷人員，就可以根據社群媒體經營、數位廣告投放等領域去跟ChatGPT討論相關的意提。倘若你是一位產

品經理，也可以跟它討論該如何提升產品規格與使用體驗。

　　如果你希望提升自己與ChatGPT的互動提問技巧，可以善用「深津式提問框架」。這個提問框架的倡議者，是一位名為深津貴之的設計師。他是日本知名的內容平臺note.com的經驗長（CXO），也是一位擅長設計使用者行為的設計師。

　　在note.com所舉辦的某場論壇中，深津貴之接受德力基彥訪談時提到，若能運用他所慣用的提問架構，將有助於讓ChatGPT更精準地回答問題。

　　簡單來說，「深津式提問框架」的架構如下所示：

● 前提：
　請你扮演一個專業的編輯，根據以下的指令限縮和輸入句
　子來輸出最佳的摘要：
● 約束：
　字數約300字，要讓小學生也能輕鬆理解。
　不要留下重要的關鍵詞，並請保持句子簡潔。
● 輸入語句：
　<在此輸入文字>
● 輸出語句：
　<ChatGPT生成文字>

　　就一個寫作教練的角度來看，我覺得「深津式提問框架」算是簡單

易懂。根據美國史丹佛大學米哈爾・科辛斯基（Michal Kosinski）教授在2023年2月的研究發現，ChatGPT的心智理論能力（Theory of Mind），已經與九歲小孩相同！所以，我們提問的內容如果能夠讓小學生易於理解的話，自然也可望讓ChatGPT秒懂。

當然，除了「深津式提問框架」之外，大家也可以用5W1H（六何法）去構思你的提問框架，再想想看怎麼向ChatGPT或Notion AI等各種AI寫作工具進行有效的提問。

可想而知，如果你只是隨意發問的話，它給你的回饋往往是不夠精準的！所以，我建議你要用比較清晰、具體的提示開始。請注意，只要你可以給它足夠的背景脈絡跟素材，它就愈能夠幫你找到理想的解決方案。

接下來，讓我以發想廣告文案來跟你舉例吧！

VISTA

全聯福利中心曾在*2022*年以「人生的曲折，就像沒泡開的泡麵」為主題[1]，發佈一系列以「人生試題」為題的海報文案。全聯以泡麵為原型，透過將泡麵的形態與生活中的小事結合在一起，來闡釋生活的真諦，領悟多喝熱水的智慧。

無論上班的路通往下班有多曲折、下次再約啊到真的約的距離有多遙遠、解數學題目和正確答案擦肩而過的機率有多大⋯⋯只需燒一壺開水，一飲而盡，這些人生中的曲折就如同麵條都會在熱水中解開。所

以，釋然吧！

可否請你模仿這樣的風格，幫我用表格產出10組廣告文案，鼓勵大家要愈挫愈勇，用正面樂觀的心態面對人生。

ChatGPT

當然可以，*Vista*。以下是我模仿全聯福利中心「人生試題」風格，以鼓勵年輕人正面樂觀面對人生的廣告文案：

主題	廣告文案
1.咖啡	人生的苦澀，就像沒加糖的咖啡。無論你的夢想有多遙遠，或是你的努力看似無果，只需加一匙糖，一切都會變得甜美。所以，微笑吧！
2.麵包	人生的困難，就像剛出爐的麵包。熱氣騰騰，看似難以觸碰，但只要有耐心等待，它就會變得柔軟可口。所以，耐心等待吧！
3.雨傘	人生的挫折，就像突然的暴雨。你可能會濕透，但只要你有把雨傘，你就能在雨中找到樂趣。所以，勇敢面對吧！
4.鬧鐘	人生的失敗，就像鬧鐘的鈴聲。它可能會打擾你的夢，但只要你敢於再次起床，新的一天就會開始。所以，再次起床吧！
5.筆記本	人生的挑戰，就像空白的筆記本。它可能會讓你感到迷茫，但只要你勇於寫下第一個字，你的故事就會開始。所以，開始寫吧！

6.鞋子	人生的路，就像一雙新鞋。它可能會讓你有些不適，但只要你敢於走出第一步，你就會找到屬於你的步調。所以，踏出去吧！
7.圖書	人生的學問，就像一本厚重的書。它可能會讓你感到壓力，但只要你願意打開它，你就會發現新的世界。所以，打開書吧！
8.種子	人生的希望，就像一顆種子。它可能看似微不足道，但只要你願意耕耘，它就會開花結果。所以，開始種植吧！
9.燈泡	人生的靈感，就像一盞燈泡。它可能會突然熄滅，但只要你願意再次點亮，你的世界就會再次明亮。所以，點亮它吧！
10.音樂	人生的節奏，就像一首歌。它可能會讓你感到困惑，但只要你願意跟著節奏搖擺，你就會找到屬於你的旋律。所以，跟著音樂搖擺吧！

這些文案都是以日常生活中的物品為主題，透過將這些物品的特性與人生的挑戰相結合，以此來鼓勵年輕人以正面樂觀的心態面對人生的挫折與困難。希望這些文案能對你有所幫助！

　　老實說，當我看到ChatGPT發想的這十組廣告文案時，都忍不住想要拍手叫好了。當然，我不建議大家直接套用AI工具所產製的內容，但至少可以先請ChatGPT幫你打個草稿，然後再去修正方向。如此一來，就可以產生出不錯的文案。

在這裡，我想推薦你讀另外一本書，它的書名叫《把問題化繁為簡的思考架構圖鑑》。本書作者強調，只要學會善用各種不同的思考架構並融會貫通，就能打破自己的思考界線，發想出不一樣的新想法。尤其在解決問題前，要先找到正確的思考方向，才能夠找出對的問題，並把問題化繁為簡，進而迅速找到合適的解決方案！

這本書滿有意思的，我很樂意推薦給大家。有興趣的朋友可以去書店選購或到住家附近的圖書館借閱。

未來，我們的生活中將會時常見到 AI 的蹤影，也會愈來愈習慣與 AI 共事。整體而言，我建議大家未來運用此類的工具時，可以先構思一下：你到底想要得到什麼樣的答案？

請謹記，要想得到理想的答案，你得先構思正確的提問策略。

以往，我們已經很習慣使用 Google、Bing 或百度等搜尋引擎，腦中也不自覺地內建了關鍵字的思維。但如今在使用 ChatGPT 這類的 AI 工具時，可能要請你稍微修正問問題的方式，先在腦中規劃一個提問邏輯，而不是直接輸入關鍵字，這樣子才能夠得到更棒的回饋。

那我們要怎麼跟它共事呢？我有幾個建議：

● 第一點，請使用正確的語法來發問。

對了，標點符號也很重要唷！我知道可能很多朋友早就把標點符號還給老師，都忘記它的正確用法了！除非你的工作與編輯、寫作有關，否則很多人可能只會用逗號、句號，而忘記破折號、刪節號和書

名號了……標點符號真的很重要，大家可參考教育部的標點符號網頁[2]，建議大家可以花20分鐘，重新複習標點符號。要知道，標點符號用得好，是可以幫助你把提問這件事做得更好、更精確的。因此，請你一定要花一些時間把它好好重溫一下。

● 第二點，鼓勵你可多用英文來思考跟提問。

ChatGPT是一個語言模型，後面串聯很多語料庫。在全世界的數百種語言之中，英文的占比超過百分之九十，繁體中文只有零點零零零幾，比例是很懸殊的。當然，以後中文、日文的部分會增加，可是至少短期內英文還是大宗跟主流。所以，你可以試著用中文和英文問同一個問題，如今中文的回答也有模有樣，但如果你用英文發問，或許會得到更有品質跟創意的回覆。所以，我鼓勵大家多用英文去思考去提問。

也許你跟我一樣會有點擔心，如果英文程度不好怎麼辦？沒關係，其實提問本身是很生活化的事，所以並沒有要你寫英文論文，也沒有要你文法完全正確。再者，現在有Google翻譯可以幫忙，其實是很方便的。更何況我們常用的英文其實就是那幾句，即便你的英文不是很好，都不用太害怕！還是可以試著跟ChatGPT用英文討論，也可以比對中、英文的提問有什麼差別？

---

2 請見：https://language.moe.gov.tw/001/upload/files/site_content/m0001/hau/h1.htm

⟩ 文案寫作的小幫手

無論是商品文案、會議記錄、客服信件、客戶開發還是企劃提案，AI寫作工具都能提供協助。

　　要知道，AI寫作的崛起並非偶然。隨著大數據的發展和機器學習技術的進步，AI已經能夠理解和生成語言，並且能夠模仿人類的寫作風格。例如，OpenAI的GPT-3就能夠生成令人難以區分的人類語言，並且能夠在各種寫作任務中表現出色，包括創作詩歌、撰寫新聞報導，甚至是迅速寫好複雜的程式碼。

　　為什麼我們需要重視AI寫作呢？ AI寫作可以大大提高我們的寫作效率。對於商業寫作，如撰寫報告、新聞稿或社交媒體貼文，AI可以快速生成草稿，讓我們有更多的時間去做其他更重要的事情。

　　其次，AI寫作可以幫助我們提高寫作的品質。AI可以提供語法和拼寫檢查，甚至可以提供風格和語調的建議，讓我們的寫作更加精煉和吸引人。

　　此外，AI寫作還可以幫助我們擴展創作的可能性，提供寫作靈感、新的寫作角度和想法，讓我們的寫作更加豐富和多元。

　　或許你會問，我們要如何運用AI寫作工具來輔助寫作呢？首先，我們可以使用AI寫作工具來生成寫作草稿。例如，我們可以給AI一個主題或一個開頭，讓AI生成剩下的部分。這可以幫助我們快速開始寫

作，並且可以提供新的寫作角度和想法。

接著，我們可以使用AI寫作工具來檢查和改進我們的寫作。AI可以提供語法和拼寫檢查，並且可以提供風格和語調的建議。這可以幫助我們提高寫作質量，並且可以讓我們的寫作更加吸引人。

最後，我們可以使用AI寫作工具來學習和提高我們的寫作技巧。AI可以提供寫作建議和反饋，並且可以提供寫作練習和挑戰。這可以幫助我們不斷提高自己的寫作技巧，並且可以讓寫作更加精煉和有深度。

AI寫作不再是未來，它已經是現在進行式。所以，建議大家都應該勇敢地擁抱它，學習如何與它共存，並從中受益。無論你是上班族、學生或什麼身份，我們都可以從AI寫作中獲益。讓我們一起擁抱AI寫作，開創新的寫作未來吧！

以ChatGPT來說，它就是一種強大的AI寫作工具，不但可以生成人類所慣常書寫的文本，也可以在各種寫作場景中提供幫助。無論你是在寫商品文案、會議記錄、客服信件、客戶開發還是企劃提案，ChatGPT都可以為你提供寶貴的幫助。

那麼，我們可以如何使用ChatGPT來提高寫作效率呢？以下是一些具體的建議：

#商品文案

當我們在撰寫商品文案時，我需要將商品的特點和優勢以吸引人的方式呈現出來。ChatGPT可以幫助我們生成吸引人的商品描述和標語。

● 我們可以給ChatGPT一個指令，例如：

請為一款高效能的筆記本電腦寫一段吸引人的商品文案。

● ChatGPT可能會生成這樣的文案：

這款高效能的筆記本電腦，擁有超強的處理能力和長時間的電池壽命。它的輕薄設計讓你可以隨時隨地工作和娛樂，而它的高解析度螢幕則可以提供絕佳的視覺體驗。無論你是在處理大型的數據，還是在欣賞你最愛的電影，這款筆記本電腦都是你的最佳選擇。

#會議記錄

當我們在記錄會議時，我們需要將會議的主要內容和決定以清晰和準確的方式記錄下來。ChatGPT可以幫助我們生成結構化的會議記錄。

● 我們可以給ChatGPT一個指令，例如：

請將以下的會議內容轉換成結構化的會議記錄：我們討論了新產品的開發計劃，決定在下個季度開始開發，並在明年第二季推出。我們還討論了市場推廣策略，決定將重點放在社交媒體和內容行銷上。

● ChatGPT可能會生成這樣的會議記錄：

會議主題：新產品開發和市場推廣策略討論

1. 新產品開發計畫：

  − 開始時間：下一季

　　－ 推出時間：明年第二季

2. 市場推廣策略：

　　－ 主要通路：社群媒體和內容行銷

#客服信件

　　當我們在寫客服信件時，我們需要以禮貌和專業的方式回答客戶的問題。ChatGPT可以幫助我們生成適當的回答。

● 我們可以給ChatGPT一個指令，例如：

請為以下的客戶問題寫一個回答：客戶問為什麼他的訂單還沒有送達。

● ChatGPT可能會生成這樣的回答：

親愛的客戶，感謝您的耐心等待。我們非常抱歉您的訂單還沒有送達。我們會立即查詢您的訂單狀態，並儘快給您一個回覆。我們非常重視您的訂單，並會盡我們最大的努力確保您的訂單能夠儘快送達。謝謝您的理解和支持。

#客戶開發

　　當我們在進行客戶開發時，我們需要以吸引人的方式介紹我們的產品或服務。ChatGPT可以幫助我們生成吸引人的銷售信件或提案。

● 我們可以給ChatGPT一個指令，例如：

請為我們的數位行銷服務寫一個銷售提案。

● ChatGPT可能會生成這樣的提案：

我們的數位行銷服務可以幫助您的企業在線上世界中脫穎而出。我們的服務包括SEO、社群媒體行銷、內容創作和電子郵件行銷等。我們的專業團隊會根據您的業務需求和目標，制定一個量身訂做的行銷策略。我們相信，我們的服務可以幫助您的企業提高品牌知名度，吸引更多的客戶，並提高銷售業績。

#企劃提案

當我們在寫企劃提案時，我們需要將我們的想法和計劃以清晰和有說服力的方式呈現出來。ChatGPT可以幫助我們生成結構化的企劃提案。

● 我們可以給ChatGPT一個指令，例如：

請為一個新的社區活動寫一個企劃提案。

● ChatGPT可能會生成這樣的企劃提案：

企劃提案：新的社區活動

1. 活動目標：增強社區的凝聚力與向心力，提高居民的生活水準。

2. 活動內容：我們計劃舉辦一系列的活動，包括音樂會、烹飪課程、運動比賽和藝術工作坊等。

3. 活動時間：我們計劃在下個月的第一個週末開始舉辦這個活動。

4. 預期效果：我們預期這個活動可以吸引大部分的社區居民參加，並且可以提高社區的活力和凝聚力。

從上述的案例不難得知，ChatGPT是一種強大的AI寫作工具，它

可以在各種寫作場景中提供幫助。只要給它一個清晰、明確的指令，它就可以生成我們所需的文本。然而，我們也需要記住，ChatGPT只是一種AI寫作工具，它不能完全替代我們的創造力和批判性思考，同時它也缺乏情感。

所以，我們可以善加利用ChatGPT來輔助寫作，但我也建議大家需要保持自己的創造力和批判性思考，以創作出更多具有深度和個性的作品。

誠然，AI寫作工具很方便，但畢竟它只是輔助我們的小幫手，所以我還是要鼓勵大家親自動手去撰寫各種文案。很多人會說沒有靈感，不知道怎麼勾勒題目，那麼我給大家一些建議，就是在開始寫文章或做簡報之前，不急著立刻打開電腦，或立刻Google搜尋。你應該先想想看自己寫作的目的是什麼、動機是什麼？以及對象是誰？畢竟不同的人，他們所看的重點不同。

所以，我也想建議大家，要事先做好盤點，然後把定位定出來，即使文筆沒有很好，也不用擔心，因為清楚地傳達要表達的重點，才是最重要的。

以往說到寫作我們都聽過「起承轉合」，我必須說，「起承轉合」雖然是對的，卻非常抽象，如果各位朋友有這樣的困擾，可以試試看我的方法，請大家從觀察做起，那當然觀察不是只有用眼睛看才叫觀察，我們人有五感，包含觸覺、嗅覺、味覺、聽覺等等，所以我鼓勵大家也建議大家，多去感受這個世界。

如果您對AI寫作與行銷感興趣，歡迎造訪「54AI」[3]這個網站。我

3　請見：https://www.54ai.net

會時常在這個網站上跟大家分享最新的AI趨勢與相關情報。

雖然我自己很喜歡書寫，但我也明瞭現在已經進入影音的時代了！所以，如果大家對AI的應用有興趣的話，歡迎你上YouTube網站搜尋我的頻道《AI好好用》[4]，我會時常拍攝一些AI工具應用的影片跟大家分享。

除此之外，我還有一個同名的臉書社團，同樣也叫「AI好好用」[5]，目前已有一萬多名成員。如果你想要了解AI的最新情報，或者是一些工具的應用，也可以加入這個AI的社團，我時常會在社團分享AI的相關資訊，以及自己對AI應用的觀點。當然，我更希望大家可以一起互動，除了促進交流，也能讓自己獲得成長。

誠然，未來會有很多的工作，可能會被這些AI機器人取代，但是有一個領域永遠需要人們，就是創造性的工作，因為我們人類擁有最可貴的資產，就是創造力和思考力，這個是機器人短期內做不到的，所以我鼓勵大家多去想、多去寫、多去畫，多用你喜歡的方式去表達你的情感，表達對這個世界的看法！

當然，你也不要想說AI很方便，就把全部的工作都丟給它做，因為以目前來說，AI生成內容仍有一些侷限，很多時候我們還是看得出來。舉個例子，有一次我舉辦了一個AI的講座，然後我說如果你想要得到我的精華版簡報，歡迎大家寫聽講心得給我，結果真的有很可愛的來賓，回家就用ChatGPT寫一篇心得給我，雖然也算是「學以致

4　請見：https://www.youtube.com/@ai-for-selling/videos
5　請見：https://www.facebook.com/groups/aiforselling

用」，但這樣有點可惜，因為無法理解他的看法。

　　雖然各式各樣的AI工具的確很方便，但我們之所以是萬物之靈，就要懂得發揮自己的強項。換句話說，即便人工智慧加強了人類的體驗，但它並不能完全取代人類。所以，在此我也想建議讀者朋友們要好好思考：你自己的強項、人格特質以及優點是什麼？

　　話說回來，請謹記我們可以善用AI縮短跟整個世界的距離，但千萬不要被它所制約和侷限唷！

AI寫作不再是未來，它已經是現在進行式。
所以，建議大家都應該勇敢地擁抱它，學習如何與它共存，
並從中受益。

❿
AI
寫
作
鍊
金
術

國家圖書館出版品預行編目 (CIP) 資料

慢讀秒懂數位好文案／ Vista(鄭緯筌) 著

二版／臺北市：大寫出版：

大雁文化事業股份有限公司發行，2023.11

240 面；16*22 公分（使用的書 In-Action! ; HA0077R）

ISBN 978-626-7293-15-7（平裝）

1.CST: 廣告文案　2.CST: 寫作法　3.CST: 行銷傳播

497.5　　　　　　　　　　　112014485

慢讀秒懂數位好文案 全新增訂版

Vista老師的文案寫作入門課

COPYWRITING IN THE DIGITAL CONTENT ERA

© Vista 鄭緯筌 著

* 本書為增訂版，前版書名為《慢讀秒懂：Vista 的數位好文案分析時間》

書系｜使用的書In-Action! 書號｜HA0077R

著　　者：鄭緯筌

特約編輯：許瀞予

行銷企畫：廖倚萱

業務發行：王綬晨、邱紹溢、劉文雅

總 編 輯：鄭俊平

發 行 人：蘇拾平

出　　版：大寫出版

發　　行：大雁出版基地

www.andbooks.com.tw

地址：新北市新店區北新路三段207-3號5樓

電話：(02)8913-1005　傳真：(02)8913-1056

劃撥帳號：19983379　戶名：大雁文化事業股份有限公司

二版一刷 ◎ 2023年11月

定　　價 ◎ 380元

ISBN 978-626-7293-15-7

in Action!
使用的書

in Action!
使用的書